高等职业院校教学改革创新示范教材·软件开发系列

MySQL 项目实战

主　编：赵丽梅　屈小杰
副主编：张　明　汪秋蒙

电子工业出版社
Publishing House of Electronics Industry
北京·BEIJING

内 容 简 介

《MySQL 项目实战》以就业为导向、应用为目标、实践为主线、能力为中心，由校、企、研三方联合开发，以"校园志愿服务网站"数据库为案例，营造学习情景，通过项目任务的形式介绍数据库的基本知识和基本概念、MySQL 的安装与配置、MySQL 的启动与连接、数据库的设计、数据库的创建与修改、数据表的基本操作、数据库的完整性约束、数据表中数据的查询与索引、数据库编程的知识、数据库的视图、数据库的权限管理、数据库的备份与还原等，最后通过智慧养老数据库的设计完成知识与技能的综合训练。

未经许可，不得以任何方式复制或抄袭本书之部分或全部内容。
版权所有，侵权必究。

图书在版编目（CIP）数据

MySQL 项目实战 / 赵丽梅，屈小杰主编. —北京：电子工业出版社，2023.6
ISBN 978-7-121-45679-4

Ⅰ．①M… Ⅱ．①赵… ②屈… Ⅲ．①SQL 语言—数据库管理系统—高等学校—教材 Ⅳ．①TP311.132.3

中国国家版本馆 CIP 数据核字（2023）第 093006 号

责任编辑：康　静　　特约编辑：李新承
印　　刷：三河市双峰印刷装订有限公司
装　　订：三河市双峰印刷装订有限公司
出版发行：电子工业出版社
　　　　　北京市海淀区万寿路 173 信箱　　邮编　100036
开　　本：787×1 092　1/16　印张：12.25　字数：313.6 千字
版　　次：2023 年 6 月第 1 版
印　　次：2023 年 6 月第 1 次印刷
定　　价：39.00 元

凡所购买电子工业出版社图书有缺损问题，请向购买书店调换。若书店售缺，请与本社发行部联系，联系及邮购电话：(010) 88254888，88258888。
质量投诉请发邮件至 zlts@phei.com.cn，盗版侵权举报请发邮件至 dbqq@phei.com.cn。
本书咨询联系方式：(010) 88254609 或 hzh@phei.com.cn。

前言 Preface

本教材以任务描述、思路整理、具体实现、创新训练、知识梳理、任务总结、思考讨论、自我检查、挑战提升为主要体例模式，展开内容陈述。其中，任务描述、思路整理、具体实现强调学习方向和学习任务是什么、完成学习方向和学习任务的思路是什么、如何完成；创新训练是本教材的特色之一，首先提出问题引导学习者观察与发现，然后继续深化问题引领学习者多思、多想、多行动，体验在尝试与解决问题的过程中积累经验的快乐。本教材通过情景激发创新动机、营造创新氛围，引发好奇心、探索欲，培养有洞察力、思考力的创新者。

在本教材中，知识梳理完成任务实现过程以外的知识体系化内容介绍，拓学关键字旨在拓宽学习者的学习视野。

本教材内容由浅入深，遵循学习规律，适合作为高职高专院校数据库类课程的教材或参考用书。本教材配有微课视频、音频、PPT、项目任务单、源代码、习题库、试卷库、课程标准、教学日历等丰富的数字化学习与教学资源，学习者可以登录"超星学习通"和"中国大学MODC"两个网站进行在线学习及资源下载，教师也可以从中下载需要用到的教学资源，构建符合自己的教学特色的课程。

本教材由中国工程物理研究院计算机应用研究所工程师屈小杰和绵阳职业技术学院教师赵丽梅、张明、汪秋蒙、杨飞、尚忞、张艳、张米、杨茜共同完成。其中项目一、项目八由汪秋蒙、屈小杰共同编写，项目二、项目三由杨飞、赵丽梅共同编写，项目四由张艳、杨茜共同编写，项目五由张明、张米共同编写，项目六与项目七由尚忞编写。由于编者水平有限，本教材难免存在不足之处，敬请广大读者不吝赐教，以便进一步完善。

编 者
2022 年 7 月

目录 Contents

项目一　校园志愿服务网站数据库认知 ··· 1
  任务 1-1　数据库的基础与发展 ··· 1
  任务 1-2　MySQL 的安装与配置 ··· 15

项目二　志愿服务数据库的创建和表操作 ··· 34
  任务 2-1　志愿服务数据库的建立 ··· 34
  任务 2-2　志愿服务数据库的数据类型分析 ··· 40
  任务 2-3　志愿服务数据库的表操作 ··· 49

项目三　志愿服务数据库的数据操作 ··· 59
  任务 3-1　志愿服务数据库中表数据的操作 ··· 59

项目四　志愿服务数据库的完整性实现 ··· 67
  任务 4-1　志愿服务数据库的完整性约束 ·· 67

项目五　志愿服务数据库的数据查询 ··· 77
  任务 5-1　志愿者信息的基础查询 ··· 77
  任务 5-2　志愿者信息的统计 ··· 90
  任务 5-3　志愿者信息的进阶查询 ··· 97
  任务 5-4　志愿者信息的查询优化 ··· 106

项目六　志愿服务数据库的编程 ·· 116
  任务 6-1　志愿服务数据库的基础编程 ·· 116
  任务 6-2　志愿服务数据库的存储过程编程 ··· 124
  任务 6-3　志愿服务数据库的触发器编程 ·· 133

项目七　志愿服务数据库的安全管理 ··· 140
  任务 7-1　志愿服务数据库的视图设计 ·· 140
  任务 7-2　志愿服务数据库的权限管理 ·· 147
  任务 7-3　志愿服务数据库的备份 ··· 157

项目八　智慧养老数据库设计 ·· 162

参考文献 ··· 190

项目一 校园志愿服务网站数据库认知

任务 1-1 数据库的基础与发展

知识目标
- 了解数据管理技术的发展
- 掌握数据库、数据库管理系统和数据库系统的概念
- 正确认知数据信息的三个世界
- 了解 SQL 语句
- 了解数据模型及作用

技能目标
- 熟悉数据库的安装和使用

素质目标
- 培养信息搜集能力
- 培养数据库人的职业担当精神

重点
- 正确认知数据库的相关专业术语
- 对数据管理技术的发展有明确的认知

难点
- 数据信息的三个世界

一、任务描述

图 1-1-1 是京东购物网站的首页，也是人们经常浏览的网站，该网站属于电商购物平台，服务于购物消费者和商品提供者（商家），网站在提供买卖服务的同时要及时进行相关数据的更新，这些数据包括哪些呢？

图 1-1-2 是中国志愿服务网站的首页，这是为更好地开展全国志愿服务工作，由民政部升级

开发建设的全国志愿服务信息系统（中国志愿服务网）2.0版，该网站会涉及志愿服务项目信息、志愿者队伍信息、相关政策信息、志愿者风采信息、志愿者登录信息等，这些信息如何组织与保存呢？

图1-1-1　京东购物网站的首页

图1-1-2　中国志愿服务网站的首页

图1-1-3是校园志愿服务网站的首页，该网站是学生模仿中国志愿服务网站创建的作品，当代大学生应该心怀社会，养成服务社会、奉献爱心的意识，在力所能及的情况下积极投身到志愿者活动中去，作为在校大学生，要了解身边的志愿者活动，在合理安排学业的同时担起社会服务、校园服务的责任。这个网站又有哪些信息需要保存与管理呢？

在上面三个案例中存在以下共同问题。

（1）登录网站的购买者、商家、志愿者等的注册信息有哪些？这些信息中哪些需要保存？如何进行保存？

（2）网站的相关商品或项目信息有哪些？这些信息中哪些需要保存？如何进行保存？

此时需要一个为实现数据共享而将各种信息数据存储的容器，即需要一个存储相关数据的数据仓库——数据库。

图 1-1-3　校园志愿服务网站的首页

二、思路整理

随着工业互联网、互联网创新业务、车联网等应用的快速发展，数据库作为信息化系统数据存储的关键环节，向下调用操作系统服务，向上为应用程序提供重要数据支撑。

数据库的作用如此重要，通过任务描述读者可以大概知道数据库用在哪里，但对于数据库的初学者，还应该知道哪些内容呢？

（1）什么是数据库？数据库有哪些相关概念？

（2）操作数据库指令属于怎样的语言？也就是 SQL 是什么？能做什么？

（3）目前提供的管理数据库的软件环境或者说管理系统情况怎样？有哪些？在使用过程中如何选择？

三、相关概念

1. 数据库（DB）

信息是现实世界中各种事物的存在方式、运动形态以及它们之间的相互联系等诸要素在人脑中的反映，通过人脑抽象后形成概念。它们以文字、数据、符号、声音、图像等形式记录下来，进行传递和处理。

数据是人们对事物所包含信息的符号表示。数据具有概括性、结构性和独立性。数据是信息的符号表示，信息是数据的内涵，是数据的语义解释。数据是符号化的信息，信息是语义化的数据。数据是信息的具体表示形式，信息是数据的有意义的表现。

数据处理是指将数据转换成信息的过程。数据处理的内容主要包括数据的存储、查询、修改、分类、排序等，以及支持决策功能。

数据库（DataBase，简称 DB）是用来组织、存储和管理数据的仓库。数据库也是长期存储在计算机内有组织的、可共享的大量数据的集合。它不仅包括描述事物的数据本身，而且包括相关事物之间的联系。数据库是按照一定的逻辑数据模型将整体上具有一定逻辑结构的数据组织在一起以单个文件形式集中存放在单个计算机系统的外存储器上，或者以逻辑上有联系的多个文件的形式分散存放在构成计算机网络节点的多个计算机系统的外存储器上，可以供单个用户使用或多个用户跨时空共享且与应用程序彼此独立的有限数据集合。

数据库的特点很明显，即具有结构性、集成性、永久性、共享性、有限性、低冗余性和数据独立性。

2. 数据库管理系统（DBMS）

数据库管理系统（DataBase Management System，简称 DBMS）是一种操纵和管理数据库的大型软件，用于建立、使用和维护数据库。它对数据库进行统一的管理和控制，以保证数据库的安全性和完整性。用户通过 DBMS 访问数据库中的数据，数据库管理员也通过 DBMS 进行数据库的维护工作。它可以使多个应用程序和用户用不同的方法在同时或不同时刻去建立、修改和查询数据库。大部分 DBMS 提供了数据定义语言（Data Definition Language，简称 DDL）和数据操作语言（Data Manipulation Language，简称 DML），供用户定义数据库的模式结构与权限约束，实现对数据的追加、删除等操作。

数据库管理系统是为满足数据处理的需要而发展起来的一种较为理想的数据处理系统，也是一个为实际可运行的存储、维护和应用系统提供数据的软件系统，是存储介质、处理对象和管理系统的集合体。数据库管理系统在操作系统（Operating System，简称 OS）的支持下按照一定的数据模型来管理数据定义、处理数据库访问事务、维护数据完整性和安全性、提供数据库用户接口，是位于用户与操作系统之间的一个数据管理软件。

用户在数据库系统中的一切操作，包括数据定义、查询、更新及各种控制，都是通过 DBMS 进行的。DBMS 就是实现把用户意义下的抽象的逻辑数据处理转换成计算机中具体的物理数据的处理软件，这给用户带来很大的方便。

常见的 DBMS 产品有 SQL Server、Oracle、DB2、Sybase 等。

DBMS 的工作过程：①接收数据库应用程序的数据请求和处理请求；②将来自数据库应用程序的用户请求转换成底层指令，即机器代码；③操作数据库；④接收对数据库操作的查询结果；⑤对查询结果进行格式转换；⑥向用户返回处理结果。

DBMS 的功能：①数据定义功能；②数据操纵功能；③数据库保护（数据完整性控制、数据安全性控制、并发事务控制、数据库恢复）功能；④数据库创建与维护功能；⑤数据字典和统计功能。

3. 数据库系统（DBS）

数据库系统（DataBase System，简称 DBS）是引进数据库技术后的计算机系统，实现有组织地、动态地存储大量相关数据，提供了数据处理和信息资源共享的便利手段。数据库系统是用数据库来存储和维护特定应用环境的数据并对该应用环境提供数据支持的实际可运行的计算机系统或计算机网络。

数据库系统通常由软件、数据库和数据库管理员（DataBase Administrator，简称 DBA）组成。其软件主要包括操作系统、各种宿主语言、实用程序以及数据库管理系统。数据库由数据库管理系统统一管理，数据的插入、修改和检索均要通过数据库管理系统进行。数据库管理员负责创建、监控和维护整个数据库，使数据能被任何有权使用的人有效使用。数据库管理员一般由业务水平较高、资历较深的人员担任。

DBS 的组成如下，DBS 的层次关系图如图 1-1-4 所示。

（1）硬件平台：计算机、网络。

（2）软件系统：OS、开发工具、DBMS、DB、DB 应用软件。

（3）人：DBA、系统分析员、DB 设计者、应用程序员、数据库用户。

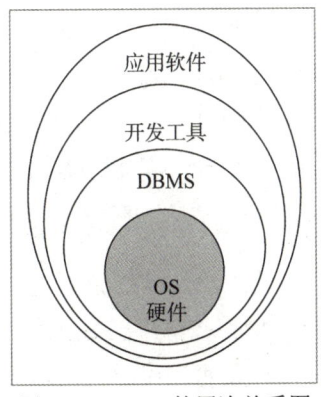

图 1-1-4　DBS 的层次关系图

数据库、数据库系统、数据库管理系统三者之间的关系为：数据库系统包含数据库和数据库管理系统。数据库系统是带有数据库的计算机系统，一般由数据库、数据库管理系统（及其开发工具）、相关的硬件和软件以及各类人员组成。

四、创新训练

1. 观察与发现

大家要学会观察，学会发现，学会思考后提出问题。任何技术的发展都与相关的技术发展息息相关，随着计算机硬件和软件的发展，数据管理经历了哪些阶段呢？

二维码 1-1-1
数据管理技术的发展

在 20 世纪 50 年代中期以前，计算机主要用于科学计算，数据量小、结构简单；没有磁盘等直接存取设备；没有操作系统，没有数据管理软件，那个时期的数据管理是如何完成的？

到了 20 世纪 50 年代后期至 60 年代中期，计算机不仅用于科学计算，还用于信息管理；外存有了磁盘、磁鼓等直接存取设备，随机存取，由地址直接访问；有了操作系统，有了专门的管理数据的子系统——文件系统。这个时期的数据可以以文件形式长期保存在外部存储器上；数据的存取基本上以记录为单位；系统提供了一定的数据管理功能；一个数据文件对应一个或几个应用程序，但数据仍是面向应用程序的；应用程序与数据有一定的独立性。这个阶段的数据管理虽然有进步，但存在某些缺陷，你能通过自主学习找出来吗？

20世纪60年代后期以后发生了三件大事，直接影响了数据的管理技术，这三件大事如下。

（1）1968年，IBM公司推出层次模型的IMS（Information Management System）数据库系统。

（2）1969年，美国数据系统语言协会（Conference on Data System Language，简称CODASYL）提出网状模型，于1971年通过。

（3）1970年，IBM公司的E.F.Codd开创关系数据库理论。

以上三件大事的发生为关系数据库的发展奠定了基础，并且此时计算机管理的数据量大、关系复杂、共享性要求高；外存有了大容量磁盘、光盘等；硬件价格下降，软件价格上升，软件维护成本提高。这时候人们开发数据库管理系统，其具有数据整体结构化；灵活性强；数据共享性高、冗余度低、易扩充；数据独立性强；数据控制能力强，数据安全性高等特点。

这个时期DBS的数据独立性有了提升，主要表现在应用程序与数据库的数据结构相互独立，互不影响，在修改数据结构时应用程序保持不变。

2. 探索与尝试

数据管理技术发展到今天，新一轮科技革命迅猛发展，数据规模呈爆炸性增长，数据类型愈发丰富，数据应用快速深化。我国数据库融合应用能力不断提升，创新应用场景快速兴起、迭代，金融、政务、制造业等很多重要领域中优秀的数据库解决方案加速涌现。人工智能等关联技术的创新正在催生新型数据库设计模式，传统数据库的功能边界正在被逐渐突破。

数据库被应用于关系国计民生的许多领域，自主创新的技术路线，坚持源代码百分之百自主研发，是国产数据库应该坚持的，既要走在国家信息技术应用创新的前沿，又要担起数据高效流通使用的责任，并且要让数据管理赋能实体经济，助力国家蓬勃发展。

在国产数据库厂商中，南大通用、武汉达梦、人大金仓、神舟通用等是国内的典型企业，华为、阿里巴巴、腾讯等巨头也推出数据库产品，易鲸捷、PingCAP、星环科技、优炫软件等新兴企业纷纷加入市场竞争。除此之外，你还知道哪些国产数据库厂商？

3. 职业素养的养成

目前，全球创新型数据库产品快速涌现，市场格局剧烈变革，我国数据库产业进入重大发展机遇期，但一些领域还存在各种各样的数据孤岛和数据鸿沟，打通孤岛的联通鸿沟，让数据得到充分发挥，是我们这代人的责任。

大数据深刻影响着经济社会的秩序，带来了时代红利和生活便利，因此治理数据，确保数据安全，规范数据利用边界，合理管理和利用数据，构建新形态的数字领域，便民、便国、便社会。

数据库是数据的仓库，在保存数据的同时追求数据共享，做好数据服务，是数据库人永远的追求。

二维码 1-1-2
数据库的相关概念

五、知识梳理

1. 数据模型

1）三个世界

为了准确地反映事物本身及事物之间的各种联系，数据库中的数据必须有一定的结构，这种结构用数据模型来表示。

如图 1-1-5～图 1-1-7 所示，客观存在的事物及其相互之间的联系存在于现实世界，现实世界中的信息和联系通过筛选、归纳、总结、命名等抽象过程产生出概念模型，用“符号”记录下来，然后用规范化的数据定义语言来定义描述构成一个抽象世界，即信息世界，再将信息世界中的概念模型进一步转换成数据模型，形成便于计算机处理的数据表现形式，成为最终的机器世界的数据模型。

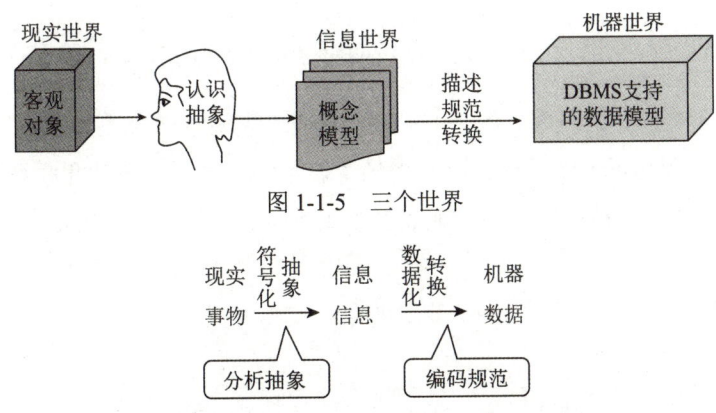

图 1-1-5 三个世界

图 1-1-6 三个世界中信息数据的转换示意图

现实世界范畴	信息世界范畴	机器世界范畴
所有客观对象	条理化的信息	数据库
实体集	实体记录集	文件
实体	实体记录	记录
特征	属性	字段或数据项
标识特征	标识属性	关键字

图 1-1-7 三个世界的事物描述

2）概念模型

根据需求分析，将现实世界中的信息进行分析、抽象，发现校园志愿服务数据库中有以下信息需要存储：志愿者编号、姓名、性别、民族等；岗位编号、岗位名称等；派出日期、结束日期等。

这些数据按照一定的模型关系组织到一起，进行数据信息的条理化，形成概念模型，如图 1-1-8 所示。

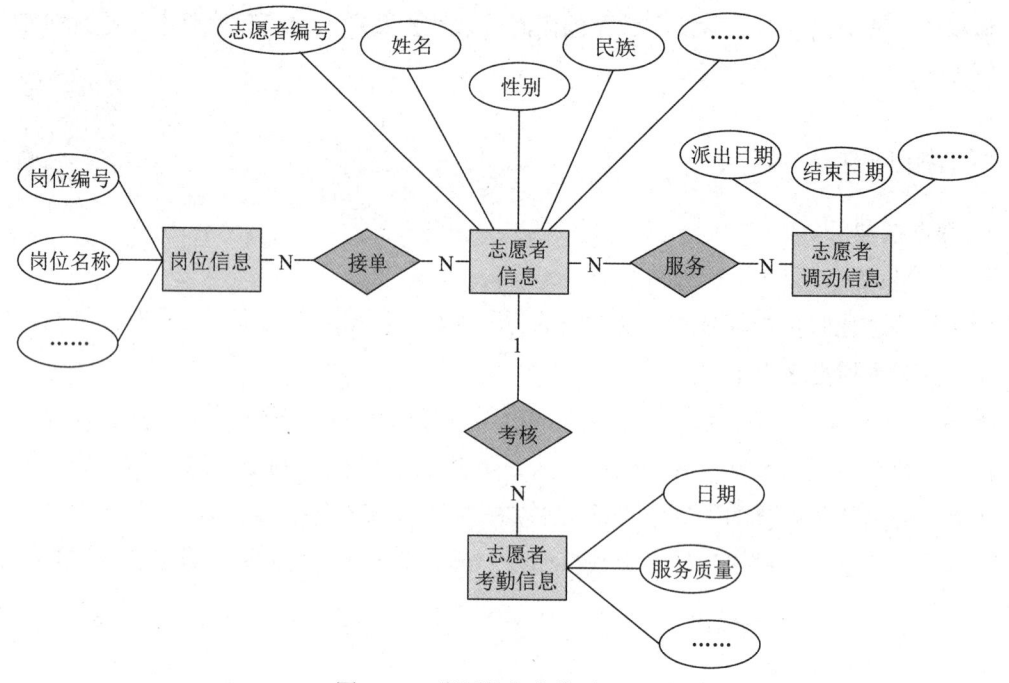

图 1-1-8 常用的概念模型 E-R 图

概念模型是现实世界的模型。图 1-1-8 所示的概念模型被称为 E-R 图，E-R 图也称实体-联系图（Entity Relationship Diagram），它提供了表示实体类型、属性和联系的方法，用来描述现实世界的概念模型。E-R 图是描述现实世界关系概念模型的有效方法。

E-R 图具有以下优点：

（1）易于理解，可用来与不熟悉计算机的用户交换意见，使用户易于参与。

（2）语义表达能力强。

（3）易于向关系模型、网状模型、层次模型等逻辑模型转换。

（4）易于修改。

什么是实体？实体之间的联系有哪些？如何绘制 E-R 图？这些问题留给读者自行拓展学习。

3）逻辑模型

百度百科认为逻辑模型是数据的逻辑结构。逻辑建模是数据仓库实施中的重要一环，因为它能直接反映出业务部门的需求，同时对系统的物理实施有着重要的指导作用，它的作用在于可以通过实体和关系勾勒出企业的数据蓝图。

在图 1-1-8 所示的 E-R 图的基础上对信息进行符号化、抽象化，形成类似图 1-1-9 所示的信息世界到机器世界的二维表格模型。这种模型有行（又称记录或元组）有列（又称字段或属性），整个二维表格被称为关系模型，这个模型有型有值，"990927""胡伟""男"等代表的是具体的值。

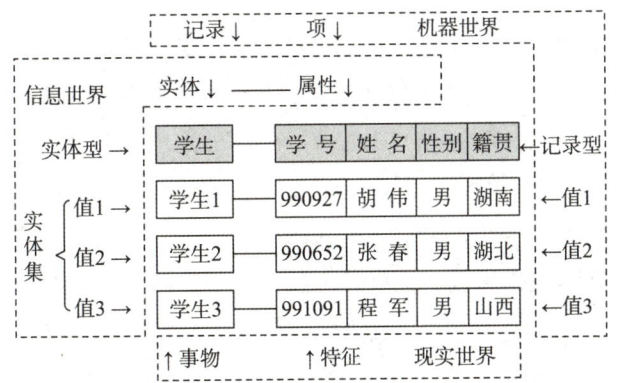

图 1-1-9　信息世界到机器世界的二维表格模型

传统的逻辑模型不只有关系模型，还有层次模型和网状模型，如图 1-1-10 所示。

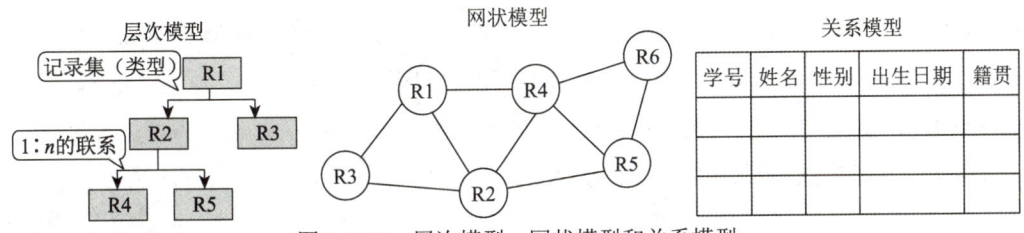

图 1-1-10　层次模型、网状模型和关系模型

4）物理模型

物理数据模型（Physical Data Model）简称物理模型，它是面向机器世界的模型，描述了数据在存储介质上的组织结构，不仅与具体的 DBMS 有关，而且与操作系统和硬件有关。每一种逻辑数据模型在实现时都有其对应的物理数据模型。DBMS 为了保证独立性与可移植性，大部分物理数据模型的实现工作由系统自动完成，设计者只设计索引、聚集等特殊结构。

2. 常见的关系型数据库

根据数据库组织数据采用的模型不同，数据库分为关系型数据库和非关系型数据库。关系型数据库的存储格式可以直观地反映实体之间的关系。关系型数据库和常见的表格比较相似，关系型数据库中表与表之间是有很多复杂的关联关系的。常见的关系型数据库有 MySQL、SQL Server 等。在轻量或者小型的应用中，使用不同的关系型数据库对系统性能的影响不大，但是在构建大型应用时，则需要根据应用的业务需求和性能需求选择合适的关系型数据库。

随着技术的不断拓展，大量的 NoSQL 数据库（例如，MongoDB、Redis、Memcache）出于简化数据库结构、避免冗余和影响性能的表连接、摒弃复杂分布式的目的被设计。NoSQL 指的是分布式的、非关系型的、不保证遵循 ACID 原则的数据存储系统。NoSQL 数据库技术与 CAP 理论、一致性哈希算法有密切的关系。

1）Oracle 数据库

Oracle DataBase 又名 Oracle RDBMS，简称 Oracle 数据库。Oracle 数据库系统是美国的 Oracle 公司（甲骨文公司）提供的以分布式数据库为核心的一系列软件产品，是目前世界上使用最为广泛的数据库管理系统，具有完整的数据管理功能，真正实现了分布式处理，在数据库领域一直处于领先地位。可以说 Oracle 数据库系统是世界上流行的关系型数据库管理系统，可移植性好、使用方便、功能强，适用于各类大、中、小微机环境。Oracle 是一种高效率的、可靠性好的、适应高吞吐量的数据库方案。

Oracle 数据库的较新版本为 Oracle 21c。Oracle 12c 引入了一个新的多租户架构，使用该架构可轻松地部署和管理数据库云。此外，一些新特性可最大限度地提高资源的使用率和灵活性，这些技术的进步再加上可用性、安全性和大数据支持方面的增强，使得 Oracle 12c 成为私有云和公有云的理想部署平台。

2）MySQL 数据库

MySQL 是一款安全、跨平台、高效地与 PHP 和 Java 等主流编程语言紧密结合的数据库系统。该数据库系统由瑞典的 MySQL AB 公司开发、发布并支持，由 MySQL 的初始开发人员 David Axmark、Allan Larsson 和 Michael Widenius 于 1995 年建立。MySQL 的象征符号是一只名为 Sakila 的海豚，代表了 MySQL 数据库的速度、能力、精确和优秀。

MySQL 数据库是目前运行速度最快的 SQL 语言数据库之一，除了具有许多其他数据库不具备的功能以外，MySQL 数据库还是一种完全免费的产品，用户可以直接通过网络下载 MySQL 数据库，而不必支付任何费用。

MySQL 具备以下特点。

（1）功能强大。MySQL 中提供了多种数据库存储引擎，各引擎各有所长，适用于不同的应用场合，用户可以选择最合适的引擎以得到最高性能，可以处理每天访问量超过数亿的高强度搜索的 Web 站点。MySQL 5 支持事务、视图、存储过程、触发器等。

（2）支持跨平台。MySQL 支持至少 20 种以上的开发平台，包括 Linux、Windows、FreeBSD、IBM AIX、AIX、FreeBSD 等，这使得在任何平台下编写的程序都可以进行移植，而不需要对程序做任何修改。

（3）运行速度快。高速是 MySQL 的显著特性，在 MySQL 中使用了极快的 B 树磁盘表（MyISAM）和索引压缩；使用了优化的一遍扫描多重连接，能够极快地实现连接；SQL 函数使用高度优化的类库实现，运行速度极快。

（4）支持面向对象。PHP 支持混合编程方式，编程方式可分为纯粹面向对象、纯粹面向过程、面向对象与面向过程混合三种。

（5）安全性高。其提供了一个灵活且安全的权限与密码系统，允许基本主机的验证，当连接到服务器时，所有的密码传输均采用加密形式，从而保证了密码的安全。

（6）成本低。MySQL 数据库是一种完全免费的产品，用户可以直接通过网络下载。

（7）支持各种开发语言。MySQL 为各种流行的程序设计语言提供支持，为它们提供了很多的 API，包括 PHP、ASP.NET、Java、Eiffel、Python、Ruby、Tcl、C、C++、Perl 语言等。

（8）数据库存储容量大。MySQL 数据库的最大有效表尺寸通常是由操作系统对文件大小的限制决定的，而不是由 MySQL 的内部限制决定的。InnoDB 存储引擎将 InnoDB 表保存在一个表空间内，该表空间可由数个文件创建，表空间的最大容量为 64TB，可以轻松处理拥有千万条记录的大型数据库。

（9）支持强大的内置函数。PHP 中提供了大量的内置函数，几乎涵盖了 Web 应用开发中的所有功能。它内置了数据库连接、文件上传等功能。MySQL 支持大量的扩展库，例如，MySQLi 等，可以为快速开发 Web 应用提供便利。

3）SQL Server 数据库

SQL Server 数据库是 Microsoft 公司推出的一种关系型数据库系统。SQL Server 是一个可扩展的、高性能的、为分布式客户机/服务器计算所设计的数据库管理系统，实现了与 Windows NT 的有机结合，提供了基于事务的企业级信息管理系统方案。

SQL Server 最初是由 Microsoft、Sybase 和 Ashton-Tate 三家公司共同开发的，于 1988 年推出了 OS/2 版本，在 Windows NT 推出之后，Microsoft 公司与 Sybase 公司在 SQL Server 的开发上就分道扬镳了。Microsoft 公司将 SQL Server 移植到 Windows NT 系统上，专注于开发、推广 SQL Server 的 Windows NT 版本；Sybase 公司则较专注于 SQL Server 在 UNIX 操作系统上的应用。Microsoft SQL Server 以后简称为 SQL Server 或 MS SQL Server。

4）MongoDB 数据库

MongoDB 是一个基于分布式文件存储的数据库，用 C++语言编写，旨在为 Web 应用提供可扩展的高性能数据存储解决方案。

MongoDB 是一个介于关系型数据库和非关系型数据库之间的产品，其功能丰富，很像关系型数据库。

如今的网络上时刻都会有庞大的数据量，这些数据可能是半结构化的，也可能是非结构化的。NoSQL 是 Not Only SQL 的缩写，指的是非关系型数据库，这是对不同于传统关系型数据库的数据库管理系统的统称。NoSQL 用于超大规模数据的存储。这些类型的数据的存储不需要固定模式，无须多余操作就可以横向扩展。用户可以通过第三方平台（例如，Google、Facebook 等）很容易地访问和抓取数据。由于用户数据成倍增加，如果要对这些用户数据进行挖掘，SQL 数据库已经不适合，而 NoSQL 数据库却能很好地处理这些数据。

5）Redis 数据库

Redis（Remote Dictionary Server，远程字典服务）是一个开源、基于内存、高性能、支持数据持久化的 key-value 存储系统，它遵守 BSD 协议，可用作数据库、缓存和消息中间件。Redis 是一种 NoSQL 数据库，数据保存在内存中，而且 Redis 可以定时地把内存数据同步到磁盘。Redis 具有许多优秀的特性，例如，支持多种数据类型、支持数据持久化、支持事务控制、支持主从复制等。

每种数据库都有自己的特点和优势，不同的应用选择不同的数据库系统。图 1-1-11 所示为 2022 年 3 月 DB-Engines 的数据库流行度排行榜。

图 1-1-11　2022 年 3 月 DB-Engines 的数据库流行度排行榜

3. SQL 简介

1）SQL 是什么

SQL（Structured Query Language，结构化查询语言）是具有数据操纵和数据定义等多种功能的数据库语言，这种语言具有交互性，能为用户提供极大的便利，数据库管理系统应充分利用 SQL 提高计算机应用系统的工作质量与效率。SQL 不仅能独立应用于终端，还可以作为其他程序的子语言。SQL 可与其他程序语言一起优化程序的功能，进而为用户提供更多、更全面的信息。SQL 是用于管理关系型数据库系统的数据库查询和程序设计语言。SQL 用于数据的插入、查询、更新和删除，数据库模式的创建和修改，以及数据的访问控制。

SQL 在 1986 年成为 ANSI（American National Standards Institute，美国国家标准化组织）的一项标准，在 1987 年成为国际标准化组织（ISO）标准。

2）SQL 能做什么

SQL 可以创建新数据库；在数据库中创建新表；向数据库的数据表中插入新的数据记录；向数据库执行查询取回数据；更新数据库的数据表中记录的数据；从数据库中删除表和记录；在数据库中创建存储过程；在数据库中创建视图；设置表、存储过程和视图的权限。

SQL 语言包含数据查询语言（DQL）、数据操作语言（DML）、事务控制语言（TCL）、数据控制语言（DCL）、数据定义语言（DDL）、指针控制语言（CCL）6 个部分。

虽然 SQL 是一门 ANSI 标准的计算机语言，但是仍然存在着多种不同版本，为了与 ANSI 标准兼容，它们必须以相似的方式共同地支持一些主要命令（例如，SELECT、UPDATE、DELETE、INSERT、WHERE 等）。

六、任务总结

1. 知识树

任务 1-1 的知识树如图 1-1-12 所示。

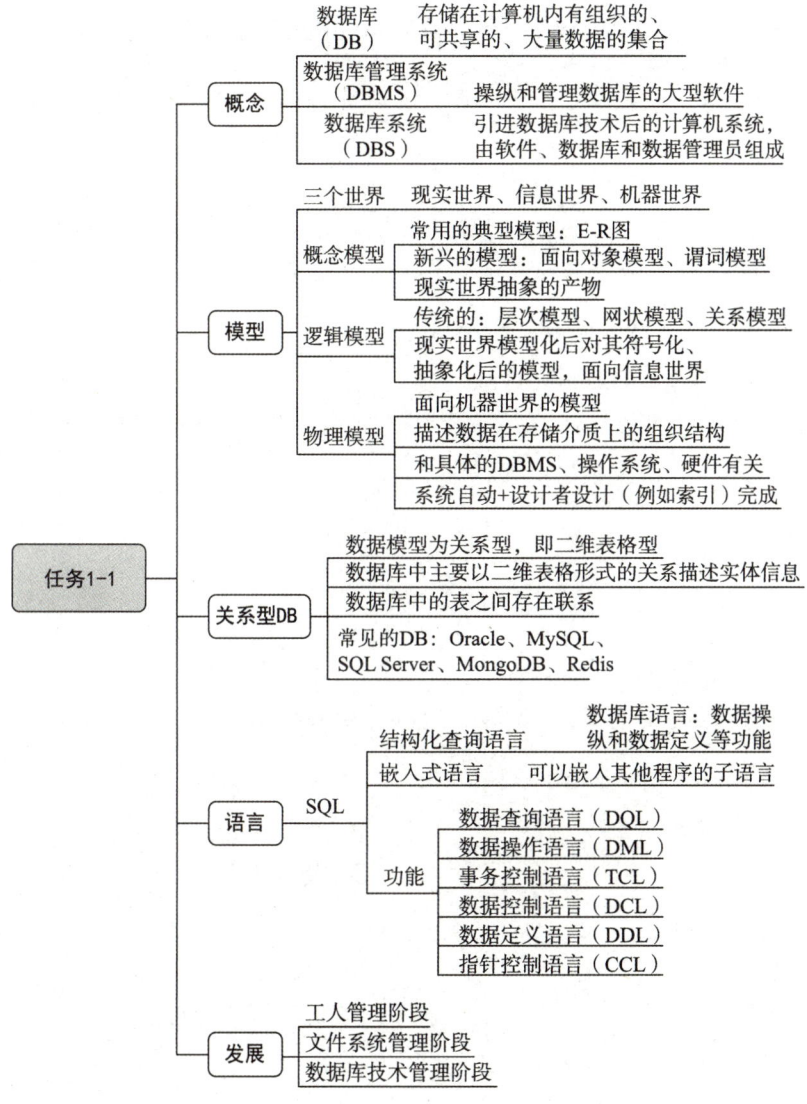

图 1-1-12 任务 1-1 的知识树

2. 拓学关键字

局部 E-R 图、全局 E-R 图、数据字典、需求分析。

七、思考讨论

（1）数据管理技术经历了哪几个阶段？各个阶段的特点是什么？

（2）DBMS 的主要功能是什么？

（3）什么是 DBA？DBA 的职责有哪些？

（4）如何理解数据独立性？

（5）数据库的现状及发展趋势如何？

(6) 什么是概念模型？概念模型的表示方法是什么？举例说明。

(7) 概念模型的作用是什么？

八、自我检查

1. 填空题

(1) 数据管理技术经历了（　　　　）、（　　　　）和（　　　　）三个阶段，其中数据独立性最高的是（　　　　）阶段。

(2) 简单地说，数据库是存储在计算机内有（　　　　）、可（　　　　）的大量数据集合。

(3) 数据的独立性是指（　　　　）和数据之间相互独立，不受影响。

(4) 针对逻辑模型的数据模型主要有（　　　　）、（　　　　）、（　　　　）。

2. 选择题

(1) 在数据库中存储的是（　　　　）。

  A. 数据　　　　　　　　　　　　B. 数据模型

  C. 数据以及数据之间的联系　　　D. 信息

(2) 在数据管理技术的发展过程中经历了人工管理阶段、文件系统阶段和数据库系统阶段，在这几个阶段中数据独立性最高的阶段是（　　　　）。

  A. 数据库系统阶段　　　　　　　B. 文件系统阶段

  C. 人工管理阶段　　　　　　　　D. 数据项管理阶段

(3) DBMS 是（　　　　）。

  A. 数据库　　　　　　　　　　　B. 数据库系统

  C. 数据库应用软件　　　　　　　D. 数据库管理系统

(4) 以下所列数据库系统组成中正确的是（　　　　）。

  A. 计算机、文件、文件管理系统、程序

  B. 计算机、文件、程序设计语言、程序

  C. 计算机、文件、报表处理程序、网络通信程序

  D. 支持数据库系统的计算机软/硬件环境、数据库文件、数据库管理系统、数据库应用程序和数据库管理员

(5) 提供数据库定义、数据操作、数据控制和数据库维护功能的软件称为（　　　　）。

  A. OS　　　　B. DS　　　　C. DBMS　　　　D. DBS

(6) 反映现实世界中实体间联系的信息模型是（　　　　）。

  A. 关系模型　　B. 层次模型　　C. 网状模型　　D. E-R 模型

(7) 设在某个公司环境中一个部门有多名职工，一个职工只能属于一个部门，则部门与职工之间的联系是（　　　　）。

  A. 一对一　　　B. 一对多　　　C. 多对多　　　D. 不确定

（8）一个节点可以有多个双亲，节点之间可以有多种联系的模型是（　　）。

    A. 网状模型　　　　B. 关系模型　　　　C. 层次模型　　　　D. 以上都是

（9）以下关于关系性质的说法中错误的是（　　）。

    A. 表中的一行称为一个元组　　　　　　B. 行与列的交叉点不允许有多个值

    C. 表中的一列称为一个属性　　　　　　D. 表中的任意两行可以相同

九、挑战提升

任务工单

课程名称 _____　　　　　　　　　　　　任务编号 ___1-1___

班级/团队 _____　　　　　　　　　　　　学　　期 _____

任务名称	数据库的基础与发展	学时	
任务技能目标	（1）熟悉数据库、数据库管理系统、数据库系统的概念； （2）了解数据管理的发展过程。		
任务描述	自行选择文字、音频、视频等形式展示自己对如下问题的理解，时间为5min。 （1）数据库相关概念； （2）数据管理技术的发展历程。		
任务步骤			
任务总结			
评分标准	（1）内容完成度（60分）； （2）文档规范性（30分）； （3）拓展与创新（10分）。	得分	

任务 1-2　MySQL 的安装与配置

知识目标

☐ 熟悉 MySQL 安装包的下载

☐ 熟悉 Windows 环境下 MySQL 的安装和配置

技能目标

☐ 掌握软件包的下载和安装配置

素质目标
- 培养基于现实的正确的选择能力
- 培养数据信息安全意识

重点
- 使用命令行安装 MySQL 数据库
- MySQL 数据库的配置

难点
- 安装过程中与安装后的问题解决

一、任务描述

校园志愿服务数据库管理系统的管理与维护需要软件环境，这里选择 MySQL 作为该数据库的管理系统，本任务需要完成 MySQL 安装包的下载与安装，并对软件进行相应的配置。

二、思路整理

1. 关系型数据库的选择

在多模型的数据库中选择关系模型的数据库，这是因为校园志愿服务网站中需要进行管理的数据结构严谨，需要好的数据完整性，在数据存储过程中希望数据冗余度低、数据一致性高。

2. MySQL 的选择

在众多的 MySQL DBMS 版本中，用户要根据需要进行选择，选择更适合自己的。MySQL 被广泛地应用在 Internet 上的中小型网站中。由于其体积小、速度快、总体拥有成本低、方便易用、可移植性强，尤其是开放源代码这一特点，是用户选择 MySQL 数据库的主要原因。

3. 关于安装与配置

MySQL 为关系型数据库管理系统，相应官网提供了不同的安装版本，用户首先需要对每种版本适合什么样的使用者有初步的了解，其次是下载安装包并进行安装，最后配置数据库，这样才能正常使用。

三、具体实现

（一）下载、安装与配置

MySQL 有两个版本，其中社区版（Community）可以自由下载而且完全免费，但是官方不提供任何技术支持，适用于大多数普通用户；企业版（Enterprise）不仅不能自由下载还收费，但是该版本提供了更多的功能，使用者可以享受全面的技术支持，适用于对数据库功能和可靠性要求比较高的企业客户。

在 Windows 10 系统下可以使用命令行安装，也可以使用 msi 安装包安装，此处不做介绍。下面介绍使用命令行安装社区版 MySQL 的步骤。

二维码 1-2-1
MySQL 安装包的下载

1. 下载安装包

用户可以去官网下载 MySQL 安装包。

（1）单击 DOWNLOADS，如图 1-2-1 所示。

（2）单击 MySQL Installer for Windows，如图 1-2-2 所示。

（3）或者单击 MySQL Community Server，如图 1-2-3 所示。

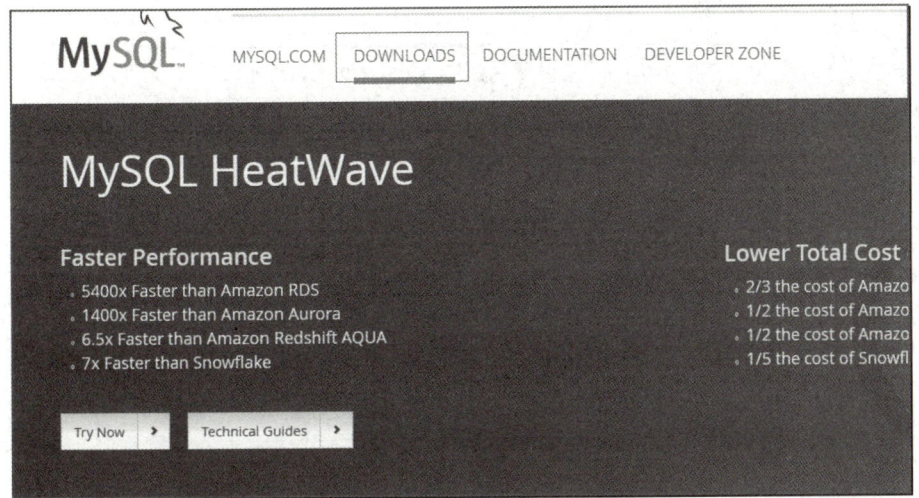

图 1-2-1　MySQL 官网的首页

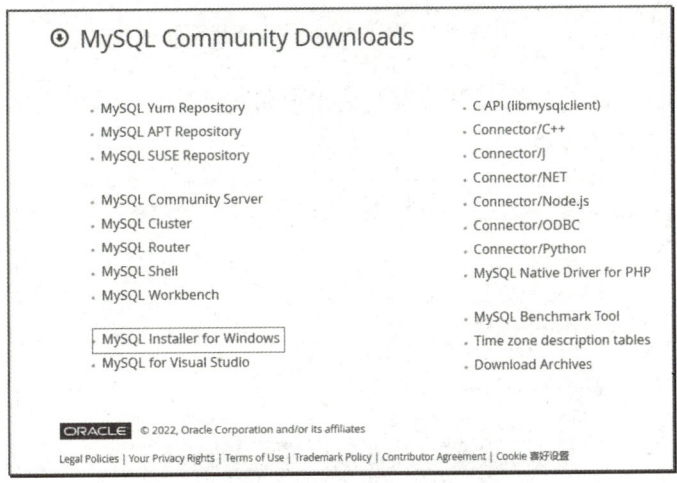

图 1-2-2　选择 MySQL installer for Windows

（4）选择操作系统，然后选择合适的版本下载，可以选择 msi 安装包或者 ZIP 版本，如图 1-2-4 所示。

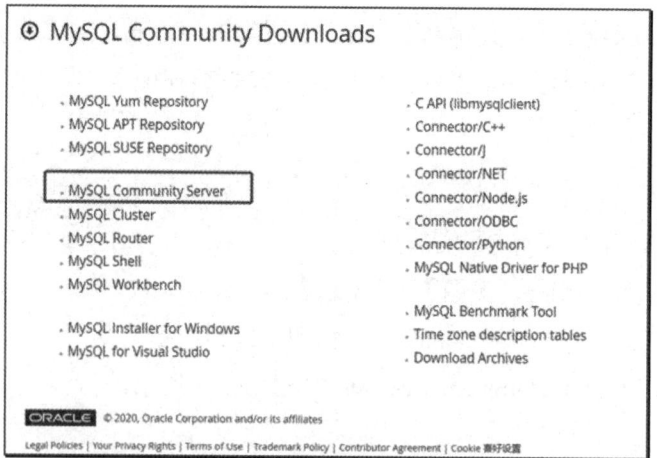

图 1-2-3　选择 MySQL Community Server

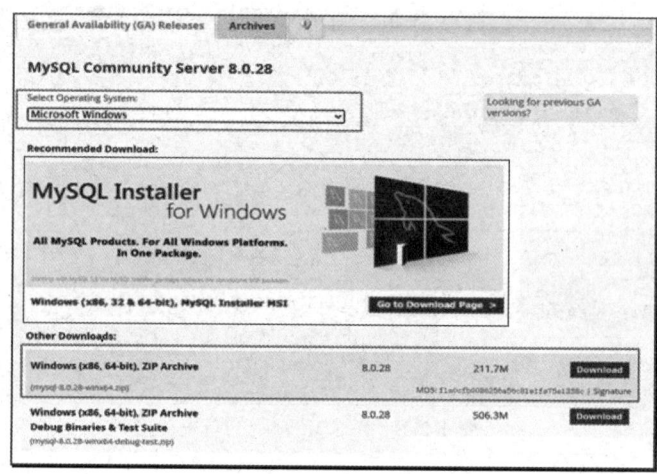

图 1-2-4　MySQL 安装包选择页面

（5）单击"Download"按钮下载，此时会出现如图 1-2-5 所示的页面，直接单击左下方的按钮进行下载，不需要登录。

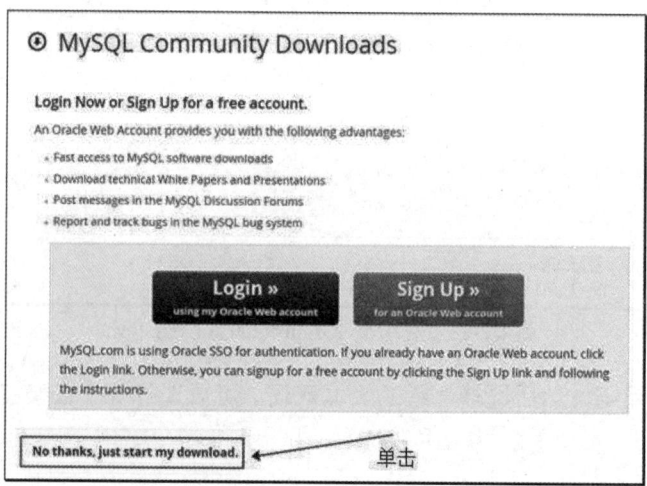

图 1-2-5　MySQL 安装包下载确认页面

2. 安装 MySQL 数据库

（1）下载完成后，将压缩包解压到自己想放置的盘，如图 1-2-6 所示。

（2）配置 my.ini 文件。解压后的目录中并没有 my.ini 文件，没关系，用户可以自行在安装根目录下添加 my.ini（新建文本文件，将文件类型改为.ini，并把文件保存为 my.ini），然后写入如下基本配置信息，如图 1-2-7 所示。

二维码 1-2-2
MySQL 的安装演示

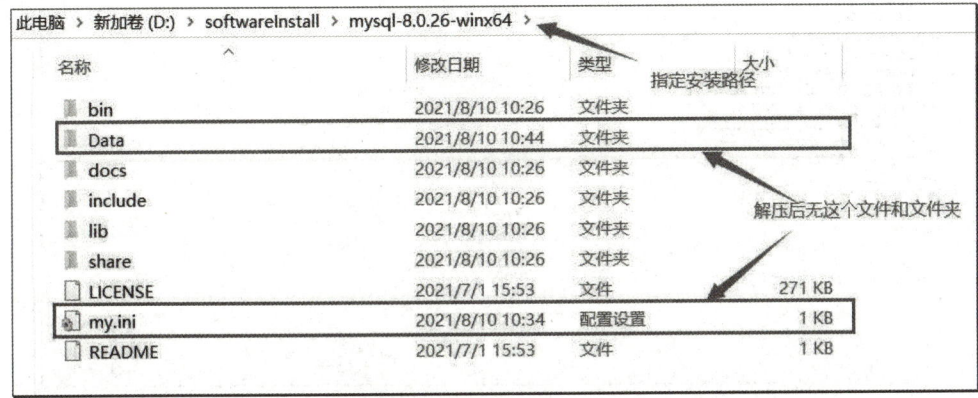

图 1-2-6　解压 MySQL 安装包

```
1   [mysqld]
    # 设置 3306 端口
2   port=3306
3   # 设置 MySQL 的安装目录
4   basedir=D:\devlop\MySQL-8.0.22-winx64
    # 设置 MySQL 数据库中数据的存放目录
5   datadir=D:\devlop\MySQL-8.0.22-winx64\Data
6   # 允许最大连接数
    max_connections=200
7   # 允许连接失败的次数
8   max_connect_errors=10
    # 服务端使用的字符集默认为 utf8mb4
9   character-set-server=utf8mb4
10  # 创建新表时将使用的默认存储引擎
    default-storage-engine=INNODB
11  # 默认使用 mysql_native_password 插件认证
12  #mysql_native_password
    skip-grant-tables
13  default_authentication_plugin=mysql_native_password
14  [mysql]
    # 设置 MySQL 客户端默认字符集
15  default-character-set=utf8mb4
16  [client]
    # 设置 MySQL 客户端连接服务端时默认使用的端口
17  port=3306
18  default-character-set=utf8mb4
```

（3）以管理员身份运行 CMD。初始化 MySQL，在安装时为了避免权限出错，以管理员身份运行 CMD（如图 1-2-8 和图 1-2-9 所示），否则在安装时可能会报错，导致安装失败。

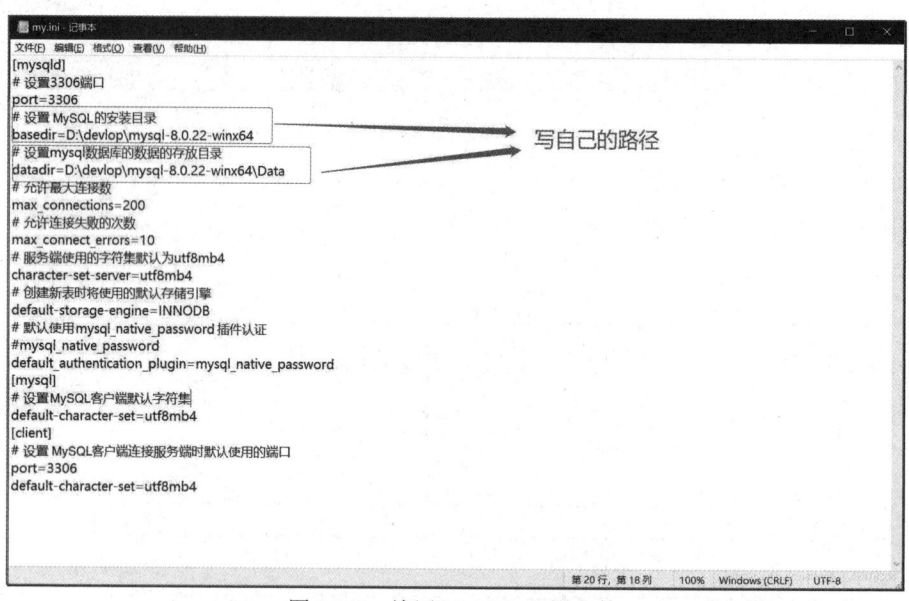

图 1-2-7　编写 MySQL 配置文件

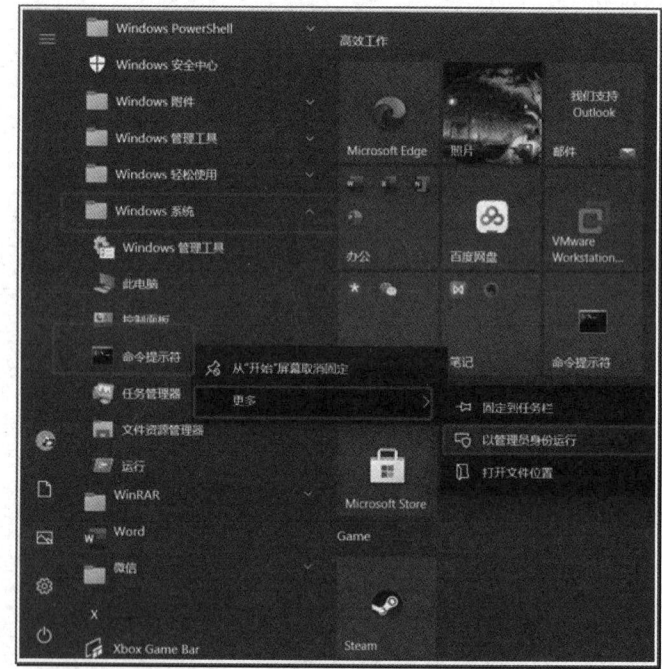

图 1-2-8　在 Windows 中运行 CMD

（4）进入 MySQL 的安装目录。切换盘符，输入 cd +空格+自己的路径，然后进入 MySQL 的 bin 目录下，如图 1-2-10 所示。

项目一　校园志愿服务网站数据库认知

图 1-2-9　CMD 命令窗口

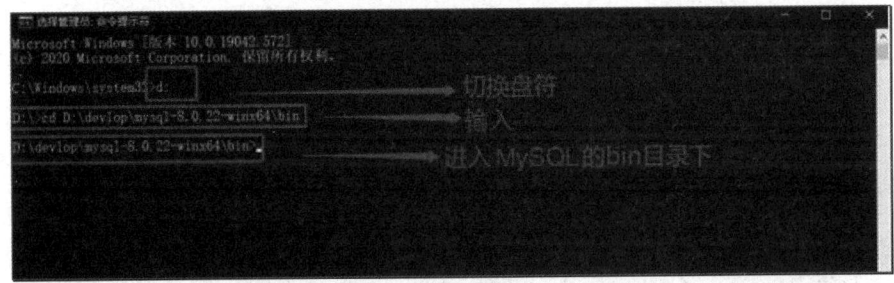

图 1-2-10　安装准备

（5）进行初始化。在 MySQL 的 bin 目录下输入 mysqld --initialize--console，如图 1-2-11 所示。

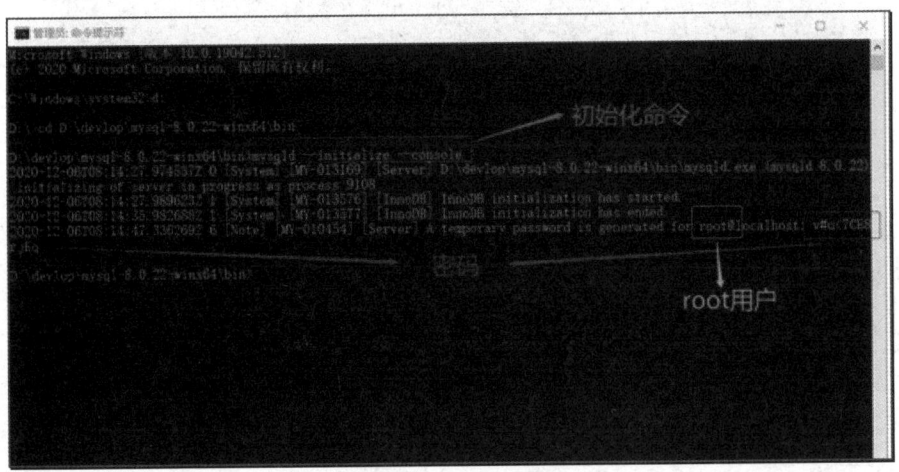

图 1-2-11　进行初始化

运行后会自动生成文件夹，如图 1-2-12 所示。
（6）MySQL 服务的安装、启动与登录。

· 21 ·

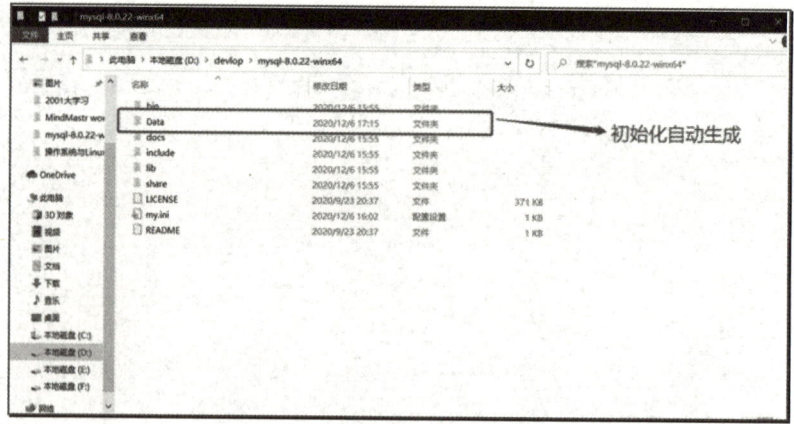

图 1-2-12　初始化后生成 data 文件夹

步骤：

①输入 mysqld --install [服务名]（服务名可以不加，默认为 mysql），安装 MySQL 服务。

②服务安装成功之后输入 net start mysql 启动 MySQL 服务。

③登录。

整个过程如图 1-2-13 所示。

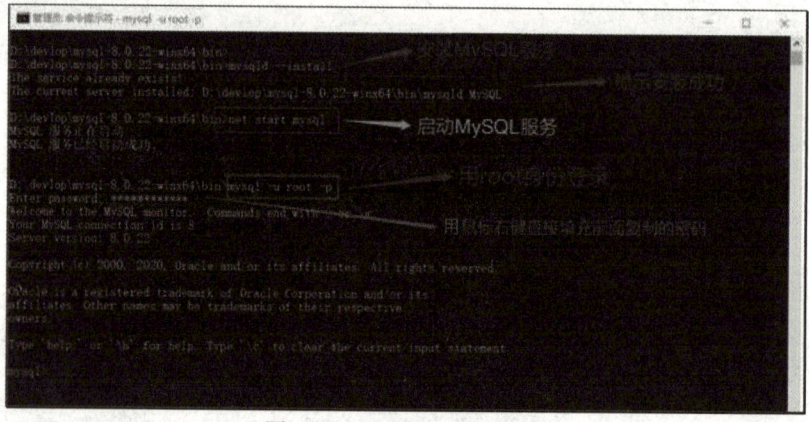

图 1-2-13　安装和启动服务

（7）修改初始化密码。

命令：

ALTER USER 'root'@'localhost' IDENTIFIED WITH mysql_native_password BY '新密码';

注意： 命令末尾的分号一定要有，这是 MySQL 的语法。

这里以设置"root"密码为例，如图 1-2-14 所示。

（8）验证修改的密码。

步骤：

①重新打开 CMD 命令窗口输入命令。

②进入 MySQL 的 bin 目录。

③输入 mysql -u root -p 和密码登录。

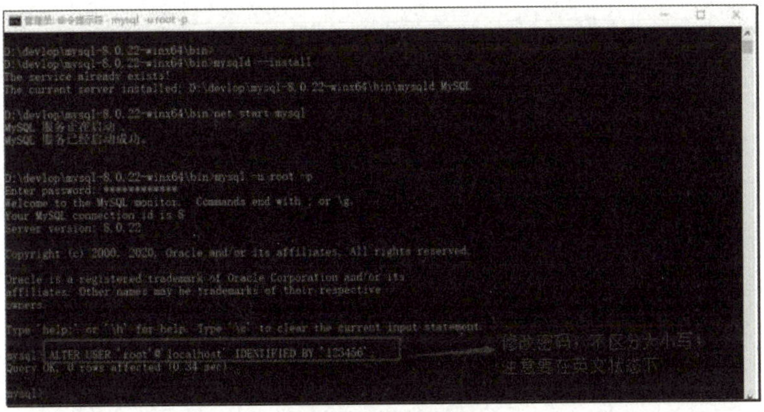

图 1-2-14　修改密码

整个过程如图 1-2-15 所示。

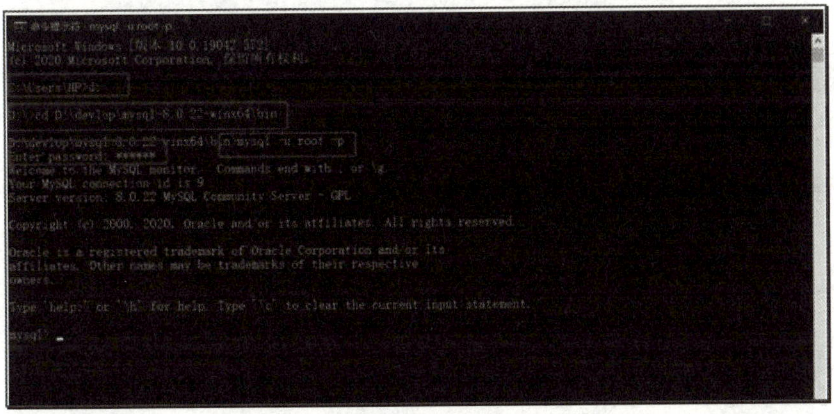

图 1-2-15　登录

至此安装部署完成，现在就可以使用 MySQL 数据库了。

3. 配置 MySQL 数据库

为了可以在 Windows 系统中的任意路径下执行命令操作 MySQL，用户需要配置环境变量，配置过程如下。

（1）右击桌面上的"此电脑"，选择"属性"命令，在弹出的页面中单击"高级系统设置"，如图 1-2-16 所示。

（2）弹出"系统属性"对话框，在"高级"选项卡中单击"环境变量"按钮，如图 1-2-17 所示。

（3）弹出"环境变量"对话框，在"系统变量"列表框中设置 Path 变量，由于该变量已经存在，所以在列表框中选择 Path，单击下方的"编辑"按钮，如图 1-2-18 所示。

（4）在弹出的对话框中添加信息"D:\devlop\mysql-8.0.22-winx64\bin"，然后单击"确定"按钮，如图 1-2-19 所示。

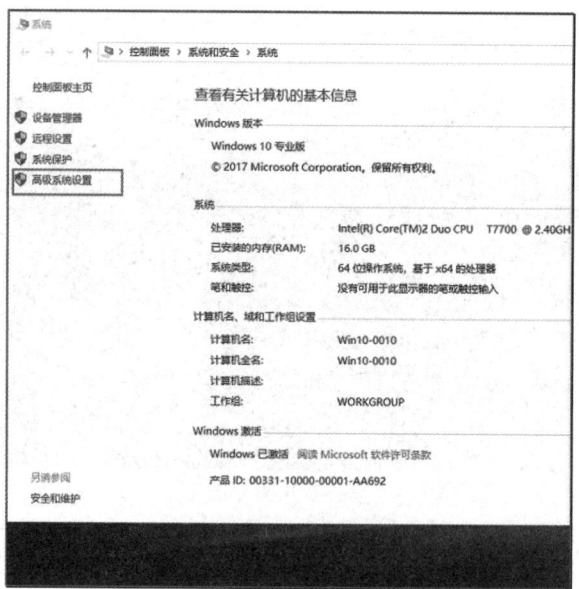

图 1-2-16　Windows 10 属性页面

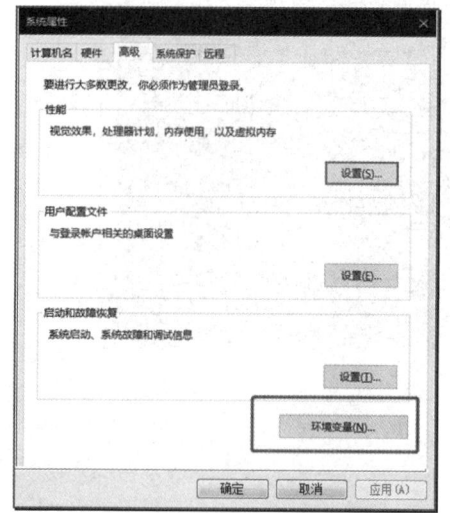

图 1-2-17　"高级"选项卡

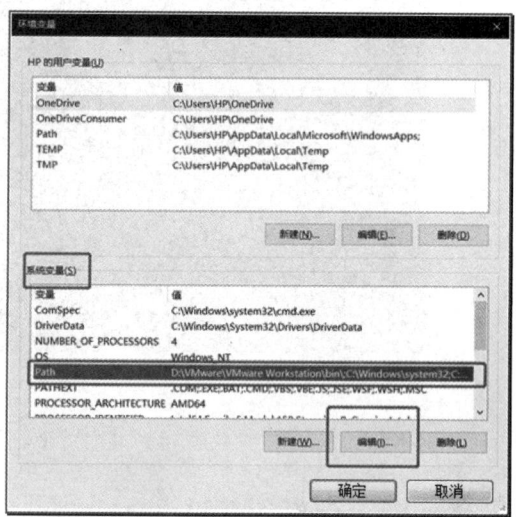

图 1-2-18　"环境变量"对话框

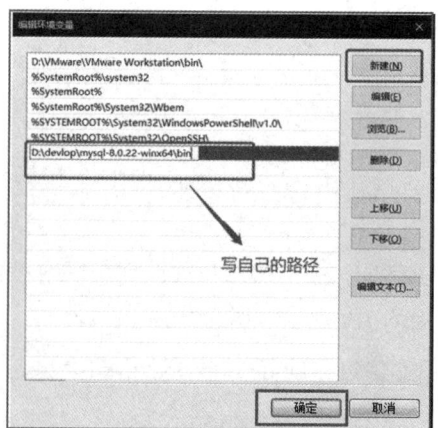

图 1-2-19　Windows 10 环境修改

4. 验证是否配置成功

打开 CMD 命令窗口，输入 mysql -u root -p，然后输入密码，系统显示如图 1-2-20 所示，说明配置成功。

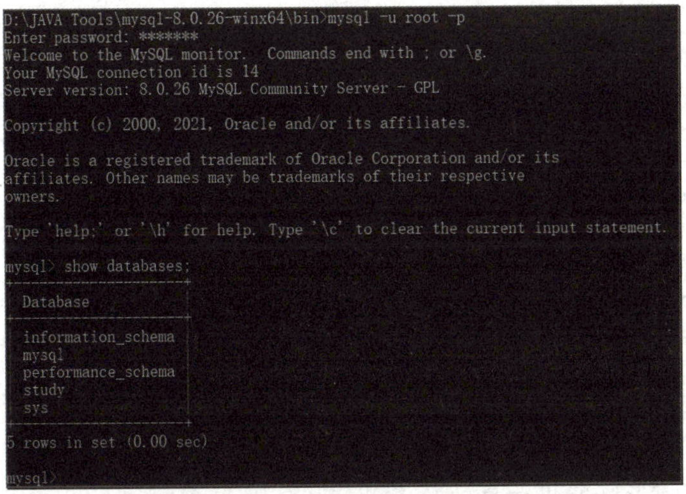

图 1-2-20　在任意路径下登录 MySQL

（二）使用 MySQL 数据库

1. 启动和停止 MySQL 服务

在命令行中输入 net start mysql 启动 MySQL 服务，如图 1-2-21 所示。

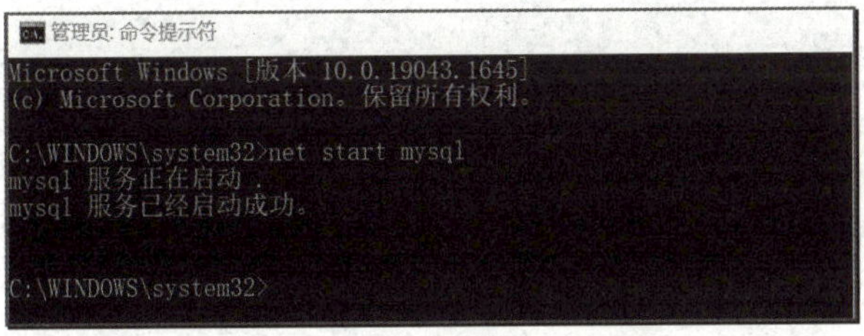

图 1-2-21　启动 MySQL 服务

在命令行中输入 net stop mysql 停止 MySQL 服务，如图 1-2-22 所示。

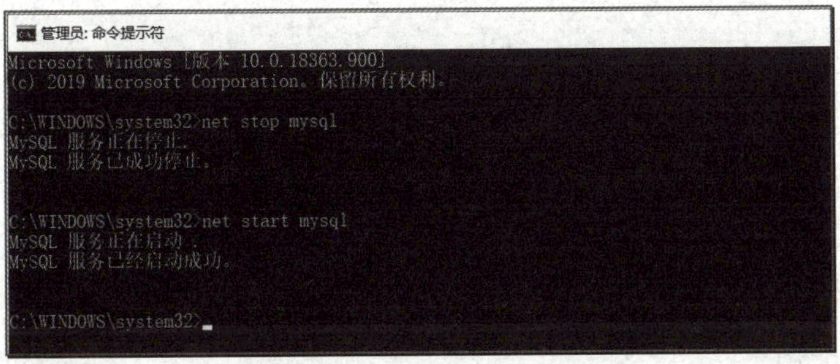

图 1-2-22　停止 MySQL 服务

2. 登录和退出 MySQL 数据库

一个典型的登录格式：

```
mysql -u用户名 -p密码
```

其他常用参数如下。

- -D：打开指定的数据库。
- -h：远程 MySQL 登录地址。
- -P：端口号。
- -V：输出版本信息，不会登录 MySQL。
- --prompt：修改 MySQL 提示符。

退出 MySQL 可以在命令行中输入以下任意一个命令：

```
exit
\q
quit
```

3. MySQL 配置设置

1）获取 MySQL 帮助信息

帮助信息分别保存在 help_category、help_topic、help_keyword 表中。help 语法支持三种模式的匹配查询。帮助信息实际上可以直接给定一个主题关键字进行查询，不需要指定主题名称。help 语句中给定的搜索关键字不区分大小写。搜索关键字可以包含通配符％和_，效果与使用 like 运算符执行的模式匹配操作相同。获取 MySQL 帮助信息的代码如下：

```
mysql> help contents;
You asked for help about help category: "Contents"
For more information, type 'help <item>', where <item> is one of the following
categories:
   Account Management
   Administration
   Compound Statements
   Data Definition
   Data Manipulation
   Data Types
   Functions
   Functions and Modifiers for Use with GROUP BY
   Geographic Features
   Help Metadata
   Language Structure
   Plugins
   Procedures
   Storage Engines
   Table Maintenance
   Transactions
   User-Defined Functions
   Utility
```

2）查看 MySQL 数据库字符集

MySQL 的字符集支持（Character Set Support）有两个方面，即字符集（Character Set）

和排序方式（Collation）。

MySQL 对于字符集的支持细化到 4 个层次，即服务器（Server）、数据库（DataBase）、数据表（Table）、连接（Connection）。MySQL 对于字符集的指定可以细化到一个数据库、一张表、一列应该使用什么字符集。

对于默认字符集的约定如下。

（1）在编译 MySQL 时，版本 8 指定了一个默认的字符集，这个字符集是 utf8mb4。

（2）在安装 MySQL 时，可以在配置文件（my.ini）中指定一个默认的字符集，如果没有指定，这个值继承自编译时指定的配置。

（3）在启动 mysqld 时，可以在命令行参数中指定一个默认的字符集，如果没有指定，这个值继承自配置文件中的配置，此时 character_set_server 被设定为这个默认的字符集。

（4）当创建一个新的数据库时，除非明确指定，否则这个数据库的字符集被默认设定为 character_set_server。

（5）当选定一个数据库时，character_set_database 被设定为这个数据库默认的字符集。

（6）当在这个数据库中创建一张表时，表默认的字符集被设定为 character_set_database，也就是这个数据库默认的字符集。

（7）当在表中设置一栏时，除非明确指定，否则此栏默认的字符集就是表默认的字符集。用户可以使用 show character set 命令查看所有可用的字符集，如图 1-2-23 所示。

```
ysql> show character set;
+----------+---------------------------------+---------------------+--------+
| Charset  | Description                     | Default collation   | Maxlen |
+----------+---------------------------------+---------------------+--------+
| armscii8 | ARMSCII-8 Armenian              | armscii8_general_ci |      1 |
| ascii    | US ASCII                        | ascii_general_ci    |      1 |
| big5     | Big5 Traditional Chinese        | big5_chinese_ci     |      2 |
| binary   | Binary pseudo charset           | binary              |      1 |
| cp1250   | Windows Central European        | cp1250_general_ci   |      1 |
| cp1251   | Windows Cyrillic                | cp1251_general_ci   |      1 |
| cp1256   | Windows Arabic                  | cp1256_general_ci   |      1 |
| cp1257   | Windows Baltic                  | cp1257_general_ci   |      1 |
| cp850    | DOS West European               | cp850_general_ci    |      1 |
| cp852    | DOS Central European            | cp852_general_ci    |      1 |
| cp866    | DOS Russian                     | cp866_general_ci    |      1 |
| cp932    | SJIS for Windows Japanese       | cp932_japanese_ci   |      2 |
| dec8     | DEC West European               | dec8_swedish_ci     |      1 |
| eucjpms  | UJIS for Windows Japanese       | eucjpms_japanese_ci |      3 |
| euckr    | EUC-KR Korean                   | euckr_korean_ci     |      2 |
| gb18030  | China National Standard GB18030 | gb18030_chinese_ci  |      4 |
| gb2312   | GB2312 Simplified Chinese       | gb2312_chinese_ci   |      2 |
| gbk      | GBK Simplified Chinese          | gbk_chinese_ci      |      2 |
| geostd8  | GEOSTD8 Georgian                | geostd8_general_ci  |      1 |
| greek    | ISO 8859-7 Greek                | greek_general_ci    |      1 |
| hebrew   | ISO 8859-8 Hebrew               | hebrew_general_ci   |      1 |
| hp8      | HP West European                | hp8_english_ci      |      1 |
| keybcs2  | DOS Kamenicky Czech-Slovak      | keybcs2_general_ci  |      1 |
| koi8r    | KOI8-R Relcom Russian           | koi8r_general_ci    |      1 |
| koi8u    | KOI8-U Ukrainian                | koi8u_general_ci    |      1 |
| latin1   | cp1252 West European            | latin1_swedish_ci   |      1 |
| latin2   | ISO 8859-2 Central European     | latin2_general_ci   |      1 |
| latin5   | ISO 8859-9 Turkish              | latin5_turkish_ci   |      1 |
| latin7   | ISO 8859-13 Baltic              | latin7_general_ci   |      1 |
| macce    | Mac Central European            | macce_general_ci    |      1 |
| macroman | Mac West European               | macroman_general_ci |      1 |
| sjis     | Shift-JIS Japanese              | sjis_japanese_ci    |      2 |
| swe7     | 7bit Swedish                    | swe7_swedish_ci     |      1 |
| tis620   | TIS620 Thai                     | tis620_thai_ci      |      1 |
| ucs2     | UCS-2 Unicode                   | ucs2_general_ci     |      2 |
| ujis     | EUC-JP Japanese                 | ujis_japanese_ci    |      3 |
| utf16    | UTF-16 Unicode                  | utf16_general_ci    |      4 |
| utf16le  | UTF-16LE Unicode                | utf16le_general_ci  |      4 |
| utf32    | UTF-32 Unicode                  | utf32_general_ci    |      4 |
| utf8     | UTF-8 Unicode                   | utf8_general_ci     |      3 |
```

图 1-2-23　MySQL 可用的字符集

用户还可以使用 desc information_schema.character_sets 命令查看所有的字符集，如图 1-2-24 所示。

```
mysql> desc information_schema.character_sets;
+----------------------+-------------+------+-----+---------+-------+
| Field                | Type        | Null | Key | Default | Extra |
+----------------------+-------------+------+-----+---------+-------+
| CHARACTER_SET_NAME   | varchar(32) | NO   |     |         |       |
| DEFAULT_COLLATE_NAME | varchar(32) | NO   |     |         |       |
| DESCRIPTION          | varchar(60) | NO   |     |         |       |
| MAXLEN               | bigint(3)   | NO   |     | 0       |       |
+----------------------+-------------+------+-----+---------+-------+
4 rows in set (0.00 sec)

mysql>
```

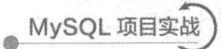

图 1-2-24　MySQL 字符集数据表

查看 GBK 字符集的校对规则使用 show collation like 'gbk%'命令，如图 1-2-25 所示。

```
mysql> show collation like 'gbk%';
+----------------+---------+----+---------+----------+---------+
| Collation      | Charset | Id | Default | Compiled | Sortlen |
+----------------+---------+----+---------+----------+---------+
| gbk_chinese_ci | gbk     | 28 | Yes     | Yes      |       1 |
| gbk_bin        | gbk     | 87 |         | Yes      |       1 |
+----------------+---------+----+---------+----------+---------+
2 rows in set (0.00 sec)

mysql>
```

图 1-2-25　支持 GBK 的校对字符集

如果想要查看当前服务器的字符集，使用 show variables like 'character_set_server'命令，如图 1-2-26 所示。

```
mysql> show variables like 'character_set_server';
+----------------------+-------+
| Variable_name        | Value |
+----------------------+-------+
| character_set_server | utf8  |
+----------------------+-------+
1 row in set, 1 warning (0.01 sec)

mysql>
```

图 1-2-26　查看当前服务器的字符集

查看当前服务器的字符集的校对规则使用 show variables like 'collation_ server'命令，如图 1-2-27 所示。

```
mysql> show variables like 'collation_server';
+------------------+-----------------+
| Variable_name    | Value           |
+------------------+-----------------+
| collation_server | utf8_general_ci |
+------------------+-----------------+
1 row in set, 1 warning (0.01 sec)

mysql>
```

图 1-2-27　查看当前服务器的字符集的校对规则

查看当前 MySQL 数据库的字符集使用 show variables like 'character_set_database'命令，如图 1-2-28 所示。

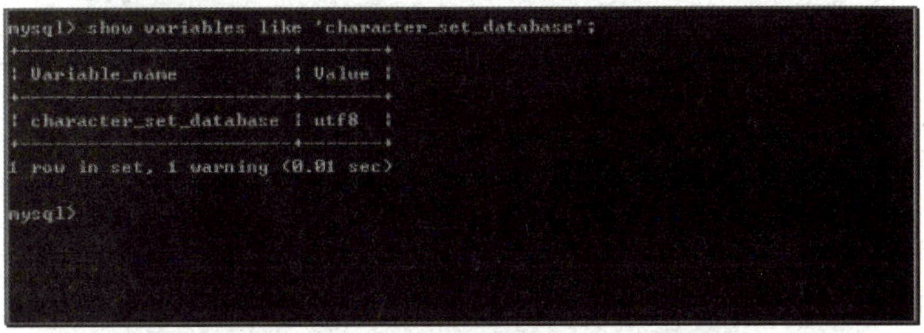

```
mysql> show variables like 'character_set_database';
+------------------------+-------+
| Variable_name          | Value |
+------------------------+-------+
| character_set_database | utf8  |
+------------------------+-------+
1 row in set, 1 warning (0.01 sec)

mysql>
```

图 1-2-28　查看当前数据库的字符集

当前数据库的字符集查到了，若要查看其对应的校对规则，使用 show variables like 'collation_database'命令，如图 1-2-29 所示。

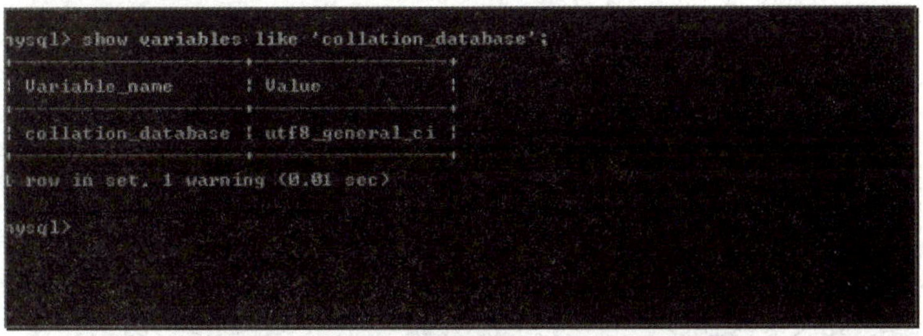

```
mysql> show variables like 'collation_database';
+--------------------+-----------------+
| Variable_name      | Value           |
+--------------------+-----------------+
| collation_database | utf8_general_ci |
+--------------------+-----------------+
1 row in set, 1 warning (0.01 sec)

mysql>
```

图 1-2-29　查看当前数据库字符集的校对规则

注意：数据库字符集的设置可以通过 my.ini 配置文件完成，也可以通过上面的命令完成，建议数据库使用 utf8mb4 字符编码。

四、创新训练

1. 观察与发现

在使用数据库的过程中，有些人的 MySQL 密码设置得过于简单，既然是密码，就要有安全保护作用，如何重新修改或设置密码呢？

2. 探索与尝试

修改 MySQL 数据库的密码可以尝试使用下面三种方法之一。

方法 1：使用 set password 命令修改密码

步骤 1：输入 mysql -uroot -p 命令指定 root 用户登录 MySQL，然后按回车键输入密码。如果没有配置环境变量，请在 MySQL 的 bin 目录下登录。

步骤 2：使用 set password 命令修改密码的格式为“set password for username @localhost = password(newpwd);”，其中 username 为要修改密码的用户名，newpwd 为要修改的新密码，如图 1-2-30 所示。

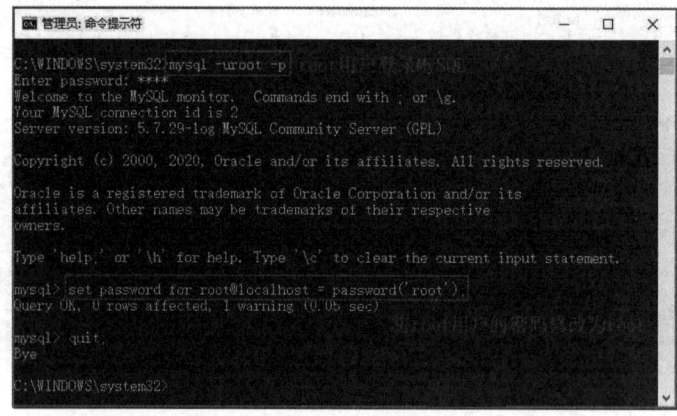

图 1-2-30　登录数据库后修改用户密码

步骤 3：输入 quit 命令退出 MySQL 重新登录，然后输入新密码"root"登录就可以了。

方法 2：使用 mysqladmin 命令修改密码

使用 mysqladmin 命令修改 MySQL 的 root 用户的密码的格式为"mysqladmin -u 用户名 -p 旧密码 password 新密码"。

注意：图 1-2-31 的修改密码的命令中-uroot 和-proot 是整体，不要写成-u root -p root，虽然-u 和 root 之间可以加空格，但是会有警告出现，所以就不要加空格了。

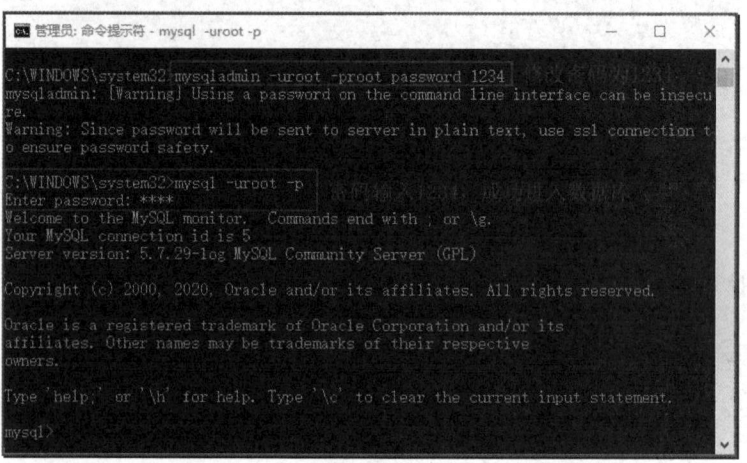

图 1-2-31　登录数据库前修改用户密码

方法 3：使用 update 命令直接编辑 user 表（如图 1-2-32 所示）

步骤 1：输入 mysql -uroot -p 命令指定 root 用户登录 MySQL，然后按回车键输入密码。如果没有配置环境变量，请在 MySQL 的 bin 目录下登录。

步骤 2：输入 use mysql 命令连接权限数据库。

步骤 3：输入 update mysql.user set authentication_string=password('新密码') where user='用户名' and Host ='localhost'命令设置新密码。

步骤 4：输入 flush privileges 命令刷新权限。

步骤 5：输入 quit 命令退出 MySQL 重新登录，此时密码已经修改为刚才输入的新密码。

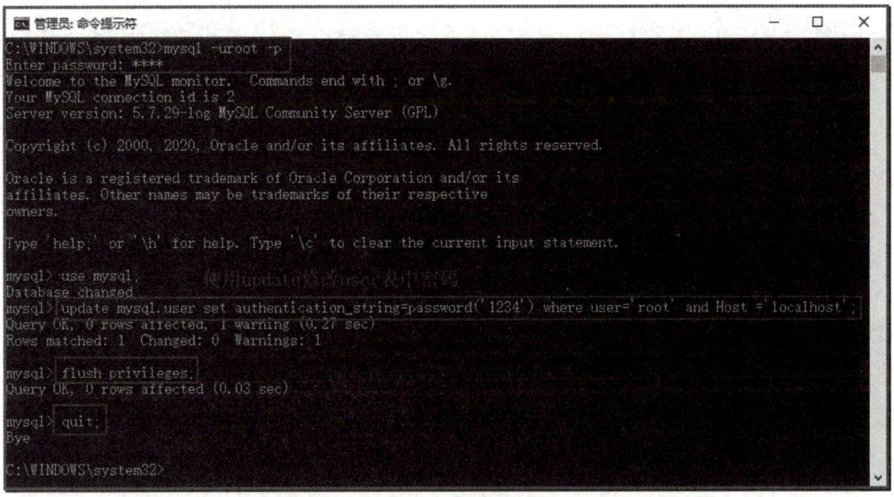

图 1-2-32　修改 MySQL 数据库中 user 表的用户密码

3. 职业素养的养成

作为数据库的设计者，需要考虑用户数据与信息的安全性，而作为数据库的使用者、管理者，在密码设置问题上要严谨，避免使用出生年月或者比较简单的数字排列，要设置高强度密码，尽量使用大小写字母、数字和特殊符号的组合。数据安全意识的养成要从密码设置起步，在保护别人的同时也注意自我保护。

五、任务总结

1. 主要内容

（1）MySQL 数据库安装包的下载、安装。

（2）MySQL 数据库的配置。

2. 拓学关键字

非关系型数据库、数据环境、数据安全、数据合规。

六、思考讨论

相同版本的 MySQL 安装包在相同操作系统版本下安装过程和安装后出现的问题与现象会相同吗？请阐述原因。

七、自我检查

（1）关于数据库系统，下列说法中正确的是（　　）。

   A. 数据库系统的构成包括计算机/网络基本系统、数据库、数据库应用程序和数据库管理员

B. 数据库系统的构成包括计算机/网络基本系统、数据库和数据库管理系统

C. 数据库系统的构成包括数据库、数据库管理系统、数据库应用程序、数据库管理员以及计算机/网络基本系统

D. 数据库系统的构成包括计算机/网络基本系统、数据库、数据库管理系统和数据库应用程序

（2）关于数据库系统和数据库管理系统，下列说法中正确的是（　　）。

A. 数据库系统和数据库管理系统指的是同一软件产品

B. 数据库系统和数据库管理系统指的是不同软件产品

C. 数据库管理系统是软件产品，而数据库系统不仅仅是软件产品

D. 数据库系统是软件产品，而数据库管理系统不仅仅是软件产品

（3）关于数据库管理系统的功能，从用户角度看下列说法中正确的是（　　）。

A. 数据库管理系统就是通过数据库语言让用户操作进而提供数据库操纵功能的系统

B. 数据库管理系统就是通过数据库语言让用户操作进而提供数据库定义、数据库操纵和数据库控制功能的系统，同时提供了一系列程序能够实现对数据库的各种存储与维护

C. 数据库管理系统就是通过数据库语言让用户操作进而提供数据库定义、数据库操纵和数据库控制功能的系统

D. 数据库管理系统就是通过数据库语言让用户操作进而提供数据库定义和数据库操纵功能的系统

（4）关于数据库系统语言，下列说法中正确的是（　　）。

A. 数据库系统语言包括了 DDL、DML 和 DCL

B. 数据库系统语言包括了 DDL、DML 和 C++/Java

C. 数据库系统语言包括了 DDL 和 DML

D. 数据库系统语言包括了 DDL、DML 和程序设计语言

（5）关于 DDL，下列说法中正确的是（　　）。

A. DDL 是数据库控制语言

B. DDL 是数据库维护语言

C. DDL 是数据库操纵语言

D. DDL 是数据库定义语言

（6）关于 DML，下列说法中正确的是（　　）。

A. DML 是数据库操纵语言

B. DML 是数据库定义语言

C. DML 是数据库维护语言

D. DML 是数据库控制语言

八、挑战提升

任务工单

课程名称 _____　　　　　　　任务编号 _____1-2_____
班级/团队 _____　　　　　　　学　　期 _____

任务名称	MySQL 的安装与配置	学时	
任务技能目标	（1）MySQL 的安装； （2）MySQL 的配置。		
任务描述	（1）练习使用图形化方式安装 MySQL 数据库； （2）练习使用配置向导配置 MySQL 数据库； （3）练习使用免安装的 MySQL 软件包安装； （4）练习通过手工修改 my.ini 文件的方式更改配置； （5）给出 MySQL 安装后忘记 root 密码的解决方案。		
任务步骤			
任务总结			
评分标准	（1）内容完成度（60 分）； （2）文档规范性（30 分）； （3）拓展与创新（10 分）。	得分	

项目二　志愿服务数据库的创建和表操作

任务 2-1　志愿服务数据库的建立

知识目标
- 了解国产数据库管理系统
- 熟悉数据库管理系统的工作机制
- 体会数据库的重要性

技能目标
- 掌握数据库的创建、查询、修改和删除
- 完成校园志愿服务网站数据库的建立

素质目标
- 遵守数据库从业者应有的职业操守和职业规范
- 普及我国《刑法》中有关破坏计算机信息系统安全罪的法律常识
- 树立起主人翁意识，为岗位负责、为自己负责

重点
- 数据库的基本概念
- 数据库的创建、查询、修改和删除

难点
- 数据库的管理机制

一、任务描述

图 2-1-1 是校园志愿服务网站的首页，这是一个弘扬中华民族传统美德、展示当代大学生风采的网站，该网站的主要功能包括发布校园志愿服务项目、招募志愿者接单、展示志愿者风采以及管理志愿者，倡导师生参与志愿服务活动，关注校园、服务社会。

校园志愿服务网站的项目需求： 校园志愿服务网站中存在志愿者、岗位负责人和管理员三种角色。

校园志愿服务网站的**工作流程**：首先，志愿者、岗位负责人、管理员进行注册；然后，当需要进行志愿服务时，岗位负责人发布岗位信息，志愿者选择接单，并完成该岗位的志愿服务项目，该岗位服务完毕。

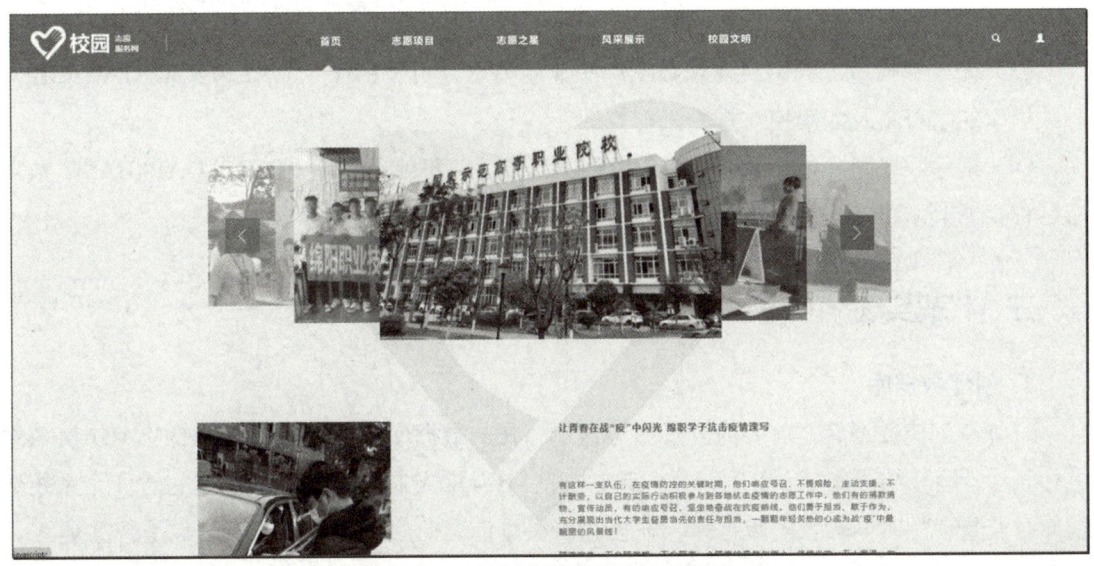

图 2-1-1　校园志愿服务网站的首页

提出问题：如何让岗位负责人发布岗位信息？如何让志愿者完成接单和后续服务？如何让志愿者服务信息进行共享？

引入数据库：要想完成上述工作流程，需要将服务信息数据存储到一种容器中，这样才能使全部人员共享信息，这就需要创建一个存储相关数据的数据仓库——数据库。

任务描述：（1）创建数据库用于存储上述业务流程的基本信息和数据交互；（2）通过查询验证创建的数据库是否满足业务要求；（3）对不满足业务要求的数据库进行修改或删除。

二、思路整理

1. 数据库的创建位置

MySQL 安装成功后，用户可以在其环境下创建数据库，创建的数据库位于 MySQL 的安装目录下的 data 文件夹中，用户可以后续在所创建数据库下创建各种数据表，用于存储校园志愿服务网站的各种数据记录。

二维码 2-1-1
数据库文件的存放位置

2. 如何创建数据库

用户必须进入 MySQL 的环境中才可以创建数据库，通过命令"CREATE DATABASE 数据库名称；"创建指定名称的数据库。

二维码 2-1-2
进入数据库环境

3. 数据库的其他操作

（1）查看所有数据库。在 MySQL 环境下使用命令"SHOW DATABASES;"可查看当前用户权限下 MySQL 中存在的所有数据库，以防止创建数据库时发生数据库名称重复的问题。

（2）查看指定名称数据库的详细信息。在数据库创建完成后，可使用命令"SHOW CREATE DATABASE 数据库名称;"查看该数据库的详细信息。

（3）修改数据库。若用户发现数据库不满足要求，可使用命令"ALTER DATABASE;"对数据库的字符集及编码校对规则进行修改。

（4）删除数据库。对于不再使用或错误的数据库，可使用命令"DROP DATABASE 数据库名称;"删除指定名称的数据库，以释放磁盘空间。

三、代码实现

1. 创建数据库

（1）在创建数据库之前要先查看服务器上存在的数据库，使用"SHOW DATABASES;"进行查看，运行结果如图 2-1-2 所示，新安装的 MySQL 数据库管理系统默认包含 4 个系统数据库。若是使用时间较长的数据库，在创建新数据库之前应先查看数据库名称是否重复。

（2）创建简单的 MySQL 数据库。

实例：创建一个名为"volunteermanagementsystem"的数据库。

```
CREATE DATABASE volunteermanagementsystem;
```

运行结果如图 2-1-3 所示，创建成功之后系统给出相应提示。

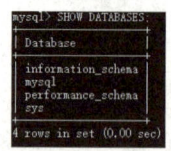

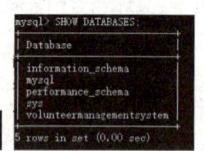

图 2-1-2　查看所有数据库　　　　　图 2-1-3　创建数据库

（3）指定字符集和校对规则的 MySQL 数据库。

实例：创建一个名为"volunteermanagementsystem"、字符集为 utf8 的数据库。

```
CREATE DATABASE volunteermanagementsystem
DEFAULT CHARACTER SET utf8
DEFAULT COLLATE utf8_bin;
```

2. 查询数据库

实例：查看刚刚创建的数据库。

```
SHOW CREATE DATABASE volunteermanagementsystem;
```

运行结果如图 2-1-4 所示。

```
mysql> SHOW CREATE DATABASE volunteermanagementsystem;
+-------------------------+----------------------------------------------------+
| Database                | Create Database                                    |
+-------------------------+----------------------------------------------------+
| volunteermanagementsystem | CREATE DATABASE `volunteermanagementsystem` /*!40100 DEFAULT CHARACTER SET utf8mb4 COLLATE utf8mb4_0900_ai_ci */ /*!80016 DEFAULT ENCRYPTION='N' */ |
+-------------------------+----------------------------------------------------+
1 row in set (0.00 sec)
```

图 2-1-4　查询数据库

3. 修改数据库

用户首先要明确 MySQL 数据库的修改规则，即在 MySQL 数据库中只能对数据库使用的字符集和校对规则进行修改。

实例：将字符集 utf8 改为 gbk。

```
ALTER DATABASE volunteermanagementsystem
DEFAULT CHARACTER SET gbk
DEFAULT COLLATE gbk_bin;
```

4. 删除数据库

实例：删除名为"volunteermanagementsystem"的数据库。

```
DROP DATABASE volunteermanagementsystem;
```

运行结果如图 2-1-5 所示，执行成功后系统会给出相应提示。

二维码 2-1-3
数据库的基本操作

四、创新训练

1. 观察与发现

观察者，事竟成，世界上没有什么困难，只要认真去观察，就一定能成功。

在创建 MySQL 数据库之后，用户使用"SHOW DATABASES;"命令会发现除了自己创建的"volunteermanagementsystem"数据库之外还存在系统数据库，如图 2-1-6 所示。请思考系统数据库有什么作用？能不能删除系统数据库？

```
mysql> DROP DATABASE volunteermanagementsystem;
Query OK, 0 rows affected (0.02 sec)
```

图 2-1-5　删除数据库

```
mysql> SHOW DATABASES;
+--------------------+
| Database           |
+--------------------+
| information_schema |
| mysql              |
| performance_schema |
| sys                |
+--------------------+
4 rows in set (0.00 sec)
```

图 2-1-6　系统数据库

2. 探索与尝试

希望是隐藏在群山后的星星，探索是人生道路上偏执的旅人。

请尝试一下在创建数据库时若存在相同名称的数据库系统会发生什么？应该怎么解决？

在创建数据库时应尽可能避免数据库名称重复，必要时可以使用带有 IF NOT EXISTS 的 SQL 语句进行数据库的创建。

语法格式：

```
CREATE DATABASE IF NOT EXISTS 数据库名称；
```

3. 职业素养的养成

案例：2021 年，一名 40 岁的链家程序员因被领导无视，冲动之下恶意删除了财务系统应用程序以及 9TB 的数据库，直接影响了公司的正常运转，最终被北京市海淀区人民法院以破坏计算机信息系统罪判处有期徒刑七年。

法律常识：根据《刑法》第二百八十六条规定——员工对单位计算机信息系统中存储、处理或者传输的数据和应用程序进行删除、修改、增加、干扰，后果严重的则构成犯罪，即破坏计算机信息系统安全罪。

结论：即使员工与公司之间存在矛盾，也应当通过合法的途径维权。程序员应具有职业责任感，虽然是自己亲手编写的代码、亲自参与的项目，但本质上仍属于公司资产，站在公司的角度来看，不允许员工以任何理由损害公司的利益；站在个人的角度来看，不应该删库，除去程序员的身份，每个公民还应有个人担当，本着认真负责的态度去完成每一件工作。

五、知识梳理

1. 数据库的创建与查询

创建数据库就是在本地主机的系统盘上划分部分区域用于存储和管理数据。在数据库创建完成之后，新建数据库会和系统默认的数据库一样存放在 MySQL 文件夹的 data 目录下。

用户可以通过数据库查询语句 "SHOW CREATE DATABASE" 对刚刚创建的数据库进行查看，运行结果如图 2-1-7 所示。

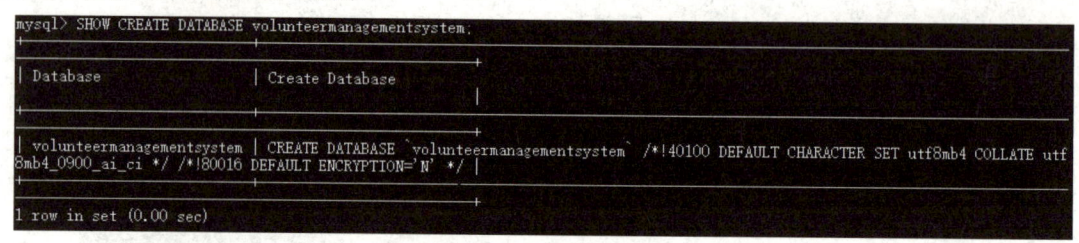

图 2-1-7 查看数据库

在项目开发中，数据库设计阶段需要占到开发周期的 40%左右，在数据库设计完成后，80%的项目设计接近完成。此外，数据库开发者在设计过程中要考虑数据库的运行效率和优化，设计合理的表结构。

2. 数据库的查看

在 MySQL 中查看数据库有两种方式，一种是查看所有数据库，另一种是查看某个具体数据库的创建情况。两种方式使用的命令不同，实现效果也不同，如图 2-1-2 和图 2-1-4 所示。

3. 数据库的删除

删除数据库就是将数据库从本地的磁盘空间中清除，此时数据库占用的磁盘空间被释放，数据库中所有的数据也被全部删除，输入数据库删除语句 "DROP DATABASE" 即可执行删除数据库的操作，执行结果如图 2-1-8 所示。

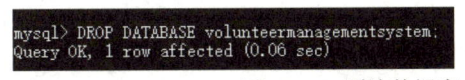

图 2-1-8　删除数据库

六、任务总结

1. 知识树

本任务主要涉及数据库的创建及数据库的其他操作，知识树如图 2-1-9 所示。

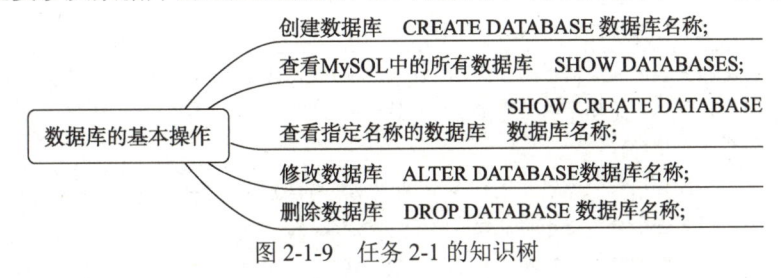

图 2-1-9　任务 2-1 的知识树

2. 拓学关键字

MySQL 数据库的单行注释与多行注释、MySQL 的存储引擎、MySQL 数据库的第三方软件 Navicat for MySQL。

七、思考讨论

存储引擎 MyISAM 和 InnoDB 有什么区别？

八、自我检查

（1）创建数据库可以使用（　　）。

　　A. CREATE mytest;　　　　　　　　B. CREATE TABLE mytest;

　　C. DATABASE mytest;　　　　　　　D. CREATE DATABASE mytest;

（2）使用 SQL 语句删除数据库，数据库名称为 mytest，下列 SQL 语句的写法中正确的是（　　）。

　　A. DROP mytest;　　　　　　　　　B. DROP TABLE mytest;

C. DATABASE mytest;　　　　　　　D. DROP DATABASE mytest;

（3）创建数据库的语法格式为（　　）。

　　　A. CREATE DATABASE 数据库名称;　　　B. SHOW DATABASES;

　　　C. USE 数据库名称;　　　　　　　D. DROP DATABASE 数据库名称;

（4）进入要操作的数据库 TEST 可以使用（　　）。

　　　A. IN TEST;　　　B. SHOW TEST;　　　C. USER TEST;　　　D. USE TEST;

九、挑战提升

任务工单

课程名称 _____　　　　　　　任务编号 _____2-1_____
班级/团队 _____　　　　　　　学　　期 _____

任务名称	志愿服务数据库的建立		学时	
任务技能目标	（1）掌握数据库的创建、查询、修改和删除； （2）完成校园志愿服务网站数据库的建立。			
任务描述	按照校园志愿服务网站的工作流程及项目需求创建一个数据库，并验证数据库是否创建成功，尝试对数据库的字符集和校对规则进行修改。 具体要求： （1）使用命令创建一个名为"volunteermanagementsystem"的数据库； （2）使用查询语句验证数据库是否创建成功； （3）尝试修改数据库的字符集和校对规则； （4）创建一个名为"testdatabase"的数据库； （5）删除"testdatabase"数据库并通过查询语句验证是否删除成功。			
任务步骤				
任务总结				
评分标准	（1）内容完成度（60 分）； （2）文档规范性（30 分）； （3）拓展与创新（10 分）。		得分	

任务 2-2　志愿服务数据库的数据类型分析

知识目标

- 熟悉常见的数据类型
- 掌握整数类型、浮点数和定点数类型、日期和时间类型、字符串类型的基本概念
- 掌握选择数据类型的方法

技能目标
- 掌握整数类型、浮点数和定点数类型、日期和时间类型、字符串类型的使用场景
- 可以根据业务需求选择适合的数据类型

素质目标
- 培养数据库开发者在项目中遵守 MySQL 数据库的设计规范
- 严谨、细致，认认真真地编写每一条命令、每一行代码

重点
- 常见数据类型的使用

难点
- 数据类型的合理选择

一、任务描述

根据校园志愿服务网站的项目需求和志愿服务流程可知，在志愿服务的过程中存在三种角色，分别为志愿者、岗位负责人和管理员；存在一种业务逻辑，即志愿者服务过程记录。

管理员负责对系统数据库进行日常维护和管理。志愿者根据岗位负责人发布的志愿岗位选择校园志愿服务项目。志愿者、岗位负责人和管理员完成相应职责的前提是在校园志愿服务网站中完成了注册。这里以记录志愿者信息的志愿者信息表（volunteer_personal_information）为例，该表由多个字段构成，每个字段在进行定义时都要指定合适的数据类型，从而记录志愿者的个人信息，在设定好字段的数据类型之后就可以向表中添加数据记录。

本任务以志愿者信息表为例，学习表中字段的数据类型，由于志愿者信息表中的字段较多且重复性较高，所以本任务以志愿者信息表中的部分代表性字段为例学习几种常用的数据类型。

二、思路整理

1. 数据表中字段类型的规范

数据表中字段类型的规范如下。

（1）从节省现有磁盘资源的角度出发，使用尽可能少的存储空间来存储一个字段的数据，例如，能使用 int 就不使用 char、varchar，能使用 varchar(10)就不使用 varchar(100)等。

（2）根据实际经验字段的大小通常设定为 8 的倍数。

2. 数据字段分析

根据校园志愿服务网站的项目需求和业务场景来选择使用哪种数据类型，这里以志愿者信息表的部分字段为例，如表 2-2-1 所示。

表 2-2-1 志愿者信息表（volunteer_personal_information）

NO	字段名称	字段编码	主键	类型
1	志愿者编号	volunteerNumber	○	int
2	姓名	name		varchar(8)
3	性别	sex		char(1)
4	密码	loginKey		varchar(128)
5	出生日期	birthday		date
…	…	…		…
12	注册时间	registrationTime		datetime
…	…	…		…

volunteerNumber 字段选择使用 int 类型，该字段用于标识志愿者身份，是志愿者信息表的主键，int 类型的字段只占较少的存储空间，int 数据类型相对于 char、varchar 等数据类型来说，更加简单且易于维护，可以有效地降低 CPU 开销，提高查询性能。

因为性别在客观上只有"男"和"女"两种，所以 sex 字段选择使用 char 类型而不是 varchar 类型。与 varchar 类型相比，系统对于 char 类型的处理速度更快，且字符长度固定，只存储"男"或"女"，可以节省空间。

因为每个志愿者的 name 字段和 loginKey 字段所需的存储空间并不固定，所以选择使用 varchar 类型；因为两个字段的长度有所不同，大多数人的姓名最多为三个字，所以只需要设置 name 字段为 8 个字节的 varchar 类型；因为用户设置的密码需要经过算法进行加密，所以 loginkey 字段需要较大的空间进行存储。

date 类型记录年月日，datetime 类型记录年月日时分秒，因此分别用来设置出生日期字段（birthday）和注册时间字段（registrationTime）。

二维码 2-2-1 数据分析

三、涉及的数据表

图 2-2-1～图 2-2-5 以 Excel 表格形式展示了校园志愿服务网站系统数据库中所涉及的 5 个数据表及其字段和部分数据记录。

loginNumber	name	loginKey	telephoneNumber
1345	张晓	12xnsj*&	13456788973
1346	郭思	xn1shj*&	13456788973
1347	刘萌萌	ncjd6?	13456788973
1348	孙茜	zx98sw	13456788973
1349	宋群	12344543	13456788973

图 2-2-1 dbadmin 表

postNumber	postDescription	personInCharge	telephoneNumber	arrivalTime	professionalSkills	postPosition	needPeopleNumber
121312	保洁	张伟	12345678910	2021-01-23 09:02:01	扫地干净	游仙区	5
121313	保安	甄张	12345678910	2021-01-23 09:02:01	孔武有力	比杰科技公司	7
121314	工程师	李茂	12345678910	2021-01-23 09:02:01	软件开发	比杰科技公司	5
121315	hr经理	王也	12345678910	2021-01-23 09:02:01	管理人员	比杰科技公司	2
121316	文员	叶开	12345678910	2021-01-23 09:02:01	做统计	比杰科技公司	15
121317	ceo	张三	12345678910	2021-01-23 09:02:01	收集资料	比杰科技公司	15
121318	口腔医生	张花	12345678910	2021-01-23 09:02:01	维护网站	比杰科技公司	3
121319	厨师	郝小萌	12345678910	2021-01-23 09:02:01	做饭超级好吃	比杰科技公司	3
121320	保安	李可爱	12345678910	2021-01-23 09:02:01	力大无穷	比杰科技公司	7

图 2-2-2　position_information 表

evaluationNumber	assignNumber	completeInformation	score	inputPerson	inputPersonNumber	inputTime	startServiceTime	endServiceTime
2311	1	完成	8	李子柒	110210	2020-03-27 08:39:12	2020-03-29 08:30:12	2020-04-02 08:39:12
2312	2	完成	9	温精灵	110212	2022-03-10 00:00:00	2022-03-12 12:12:12	2022-03-14 12:12:12
2313	3	完成	6	李子柒	110210	2020-03-27 08:39:12	2020-03-29 08:30:12	2020-04-02 08:39:12
2314	4	完成	9	温精灵	110212	2022-03-10 00:00:00	2022-03-12 12:12:12	2022-03-14 12:12:12
2315	5	完成	2	李子柒	110210	2020-03-27 08:39:12	2020-03-29 08:30:12	2020-04-02 08:39:12
2316	6	未完成	7	李子柒	110210	2020-03-27 08:39:12	2020-03-29 08:30:12	2020-04-02 08:39:12
2317	7	完成	8	温精灵	110212	2022-03-10 00:00:00	2022-03-12 12:12:12	2022-03-14 12:12:12

图 2-2-3　service_record 表

volunteerNumber	name	sex	loginKey	birthday	nationality	politicCountenance	identity	professionalSkill	telephoneNumber	IDNumber	registrationTime	exitTime	countScore	orderNumber
100001	张美丽	男	af00	1987-03-02	汉	团员	教师	擅长写代码	18781296781	510823198703024655	2019-09-01 17:30:00	(Null)	23.50	1
100002	刘宏浩	女	3600	1987-03-15	汉	团员	教师	擅长写代码	18763455778	510823198703158353	2019-09-01 17:30:00	(Null)	24.00	1
100003	张题	男	93840	2000-03-02	汉	团员	学生	擅长数学	15381294676	510823200203024655	2019-09-01 17:30:00	(Null)	26.00	1
100004	刘小	女	afb0	1988-05-02	汉	团员	教师	擅长配药	18375659678	510823198805024655	2019-09-01 17:30:00	(Null)	24.50	1
100005	李攀	男	9860	1987-12-02	壮	中共党员	教师	喜欢写作	12332145665	510823198712024659	2019-09-01 17:30:00	(Null)	88.00	1

图 2-2-4　vol_info 表

assignNumber	volunteerNumber	postNumber	assignTime
1	100001	121312	2022-03-16 12:52:10
2	100002	121313	2022-03-16 12:52:10
3	100003	121314	2022-03-16 12:52:10
4	100004	121321	2022-03-16 12:52:10
5	100005	121315	2022-03-16 12:52:10
6	100006	121316	2022-03-16 12:52:10
7	100007	121317	2022-03-16 12:52:10

图 2-2-5　volunteer_assign 表

四、创新训练

1. 观察与发现

细心观察是为了理解，透彻理解是为了行动，通过所学知识发现问题、解决问题是向成功迈出一大步。

在 MySQL 中除了可以存储文本数据以外，还可以存储图片，思考一下。

（1）图片以什么样的方式读取和写入？

（2）哪种数据类型可以存储图片？

（3）存储图片的方式有哪两种？

在 MySQL 中不同格式的图片以二进制方式写入数据库中，并以二进制方式读取。通常使用 blob 类型，来存储图片，根据图片大小不同可采用 mediumblog 或 longblog 类型存储。在 MySQL 中，图片可以采用数据库方式保存，也可以采用文件方式保存。采用数据库方式保存就是直接将图片保存到表中；采用文件方式保存就是将图片路径进行保存。

思考一下 text 类型和 varchar 类型的区别？

2. 探索与尝试

积极尝试摆脱环境的限制，开阔思路，换一个角度看问题、解决问题，收获尝试过程中的快乐。

当需要对某个数据表中的某两列数据进行计算时，可以采用一种虚拟列的方式存储计算值。探索一下虚拟列的实现、语法格式、存储空间等问题。

虚拟列的列值不存储，该列不占用存储空间，默认设置为 virtual。

3. 职业素养的养成

案例： 此前，有程序员因一时疏忽造成了史上最大的酒店信息泄露事件。起因是该程序员将连接数据库的相关代码上传错误，导致其数据库中约 5 亿条完整数据泄漏，其中包含了用户姓名、身份证号、手机号等基本信息。

严谨是如期完成项目工作的基础，是每一个程序员都应该坚守的职业要求。在庞大而又精细的项目开发中不允许出现一个标点符号的错误，将严谨意识融入工作中可以加快程序员对代码的理解和学习速度。

二维码 2-2-2
数据加密

五、知识梳理

1. 整数类型

整数类型又称数值型数据类型，数值型数据类型主要用来存储数字。

在 MySQL 中整数类型主要有 tinyint、smallint、mediumint、int、bigint 共 5 种。

不同整数类型进行存储所需的字节数不同，其中 tinyint 类型所占的字节数最少，bigint 类型所占的字节数最多，占用的字节数越多，能存储的数值范围也就越大。

每一种整数类型的取值范围可以通过其所占字节数进行计算。这里以占用字节数为 8 的 tinyint 类型为例，其无符号数的最大取值为 2^8-1，有符号数的最大取值为 2^7-1。其他整数类型的取值范围的计算方法均与此相同。由此可见，不同整数类型有着不同的取值范围，所占用的磁盘空间大小也不同，因此在实际操作中应根据需求选择合适的数据类型，这样不仅可以节省本地存储空间，还可以提高后期进行表数据查询的效率。

2. 浮点数类型和定点数类型

在 MySQL 中，小数可以使用浮点数和定点数进行表示。浮点数类型又分为单精度浮点数类型（float）和双精度浮点数类型（double）；定点数类型为 decimal。这三种类型的存储需求、有符号数的取值范围和无符号数的取值范围如表 2-2-2 所示。

表 2-2-2 MySQL 中的浮点数类型和定点数类型

类型名称	存储需求	有符号数的取值范围	无符号数的取值范围
float	4 个字节	−3.402823466E+38～−1.175494351E−38	0 和 1.175494351E−38～3.402823466E+38

续表

类型名称	存储需求	有符号数的取值范围	无符号数的取值范围
double	8 个字节	−1.7976931348623157E+308～−2.2250738585072014E−308	0 和 2.2250738585072014E−308～1.7976931348623157E+308
decimal(M,D)	M+2 个字节	−1.7976931348623157E+308～−2.2250738585072014E−308	0 和 2.2250738585072014E−308～1.7976931348623157E+308

注：M 表示精度，即全部的位数；D 表示标度，即小数的位数。

与 float 类型和 double 类型不同，decimal 类型以字符串存储，其可能的最大取值范围与 double 一样，但有效的取值范围则由 M 和 D 决定，因此定点数类型的存储需求也是可变的，且由 M 确定。

此外，不论是浮点数还是定点数，都会根据用户指定的精度范围对多余部分进行四舍五入。若用户在使用 float 类型和 double 类型时未指定精度范围，则由系统按照实际情况决定。在未指定精度的情况下，decimal 类型默认为(10,0)。

3. 日期和时间类型

在 MySQL 中有多种表示日期和时间的数据类型，主要有 datetime、date、timestamp、time 和 year。

在具体应用中，每种日期和时间类型的应用场景如下。

（1）如果要表示年月日，一般会使用 date 类型。

（2）如果要表示年月日时分秒，一般会使用 datetime 类型。

（3）如果需要经常插入或者更新日期为当前系统时间，一般会使用 timestamp 类型。

（4）如果要表示时分秒，一般会使用 time 类型。

（5）如果要表示年份，一般会使用 year 类型，因为该类型比 date 类型占用的空间更少。

4. 字符串类型

字符串数据中的文本字符串数据和二进制字符串数据可以使用字符串类型进行存储。MySQL 中提供的字符串类型有 char、varchar、tinytext、text、mediumtext、longtext、enum、set 等，如表 2-2-3 所示。

表 2-2-3　MySQL 中的字符串类型

类型名称	含义	存储需求
char(M)	固定长度，最多 255 个字符	M 个字节
varchar(M)	固定长度，最多 65535 个字符	L+1 个字节
tinytext	可变长度，最多 255 个字符	L+1 个字节
text	可变长度，最多 65535 个字符	L+2 个字节

续表

类型名称	含义	存储需求
mediumtext	可变长度，最多 $2^{24}-1$ 个字符	L+3 个字节
longtext	可变长度，最多 $2^{32}-1$ 个字符	L+4 个字节
enum	枚举类型，只包含一个枚举字符串值	1 或 2 个字节，由枚举值的数目决定，最大为 65535
set	设置字符串对象可以有零个或多个 set 成员	1、2、3、4 或 8 个字节，取决于集合中的成员数量，且成员数量小于 64

1）char 类型和 varchar 类型

char 类型为固定长度，varchar 类型为可变长度。

2）text 类型

text 类型保存非二进制字符串，text 类型又分为 4 种类型，即 tinytext、text、mediumtext 和 longtext，不同的 text 类型所需要的存储空间和数据长度不同。

3）enum 类型

enum 类型表示一个字符串对象，值为创建表时在字段规定中枚举的一列值。

语法格式：字段名 enum('值 1', '值 2', …, '值 n')

可以看出结果中值的索引值和定义的枚举索引值相同。

思考：当插入的数据不属于枚举类型中的值时会发生什么？

4）set 类型

set 类型表示一个字符串对象，可以有零个或多个值。

语法格式：set('值 1', '值 2', …, '值 n')

思考：如果插入不属于列表的值会发生什么？请对比 enum 类型和 set 类型的不同。

5. 二进制类型

二进制类型属于字符串类型。MySQL 中提供的二进制类型有 bit、binary、varbinary、tinyblob、blob、mediumblob 和 longblob。

6. MySQL 数据类型的选择

MySQL 中提供了丰富的数据类型，以满足用户对不同数据的存储需求。选择适合的数据类型有助于优化本地存储空间、提高数据库的性能，因此用户应全面了解 MySQL 中常用的数据类型及其基本特性，根据实际需求使用最适合的数据类型。

六、任务总结

1. 知识树

选择数据类型是创建数据表的前提，选择合适的数据类型有助于用户更好地开发和维护项目。MySQL 中提供了数值类型、二进制类型、日期和时间类型、字符串类型等数据类型，其中数值类型又分为整数类型和小数类型，小数类型又分为浮点数类型和定点数类型。MySQL 数据类型的知识树如图 2-2-6 所示。

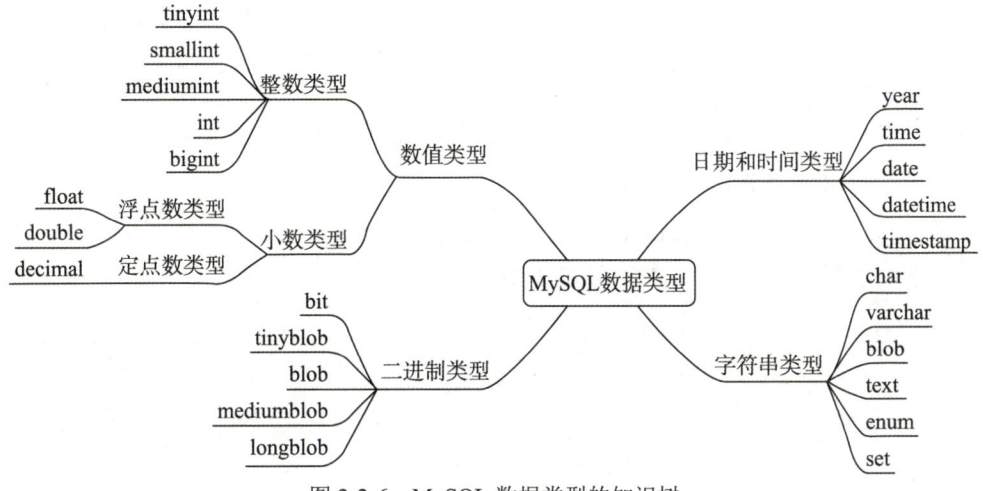

图 2-2-6　MySQL 数据类型的知识树

2. 拓学关键字

JSON 数据类型、MySQL 中的虚拟列（又称为计算列）。

七、思考讨论

怎么在 MySQL 中输入特殊符号？

八、自我检查

1. 单选题

（1）以下表示可变长度字符串的数据类型是（　　）。

　　A. text　　　　　　B. char　　　　　　C. varchar　　　　　　D. enum

（2）返回字符串长度的函数是（　　）。

　　A. len()　　　　　B. length()　　　　C. left()　　　　　　D. long()

（3）"2022-02-02"属于（　　）。

　　A. 字符串类型　　　　　　　　　　　　B. 浮点数类型
　　C. 数值类型　　　　　　　　　　　　　D. 日期和时间类型

（4）在 MySQL 数据库中，数据类型 decimal(X,Y)中的（　　）。

　　A. X 代表小数点前的长度，Y 代表数据长度
　　B. X 代表小数点后的长度，Y 代表数据长度

C. X 代表数据长度，Y 代表小数点后的长度

D. X 代表数据长度，Y 代表小数点前的长度

（5）在 MySQL 数据库中，下列不属于浮点类型的是（   ）。

  A. number   B. float   C. double   D. decimal

2. 多选题

（1）在 MySQL 中创建一个购物表，其中一个字段记录购物时间（要求精确到秒），则该字段比较适合的数据类型是（   ）。

  A. date   B. time   C. datetime   D. timestamp

（2）下列选项中属于 MySQL 字符串类型的是（   ）。

  A. text   B. char   C. blob   D. year

九、挑战提升

任务工单

课程名称 _____   任务编号 _____2-2_____

班级/团队 _____   学　　期 _____

任务名称	志愿服务数据库的数据类型分析	学时	
任务技能目标	（1）掌握整数类型、浮点数和定点数类型、日期和时间类型、字符串类型的基本操作； （2）掌握插入、查询、修改、删除表中数据和清空表记录的基本操作。		
任务描述	根据校园志愿服务网站中存在的三种角色和一种业务逻辑，可以在建立数据表时选择适合的数据类型来存储相关信息，本任务分析这些数据类型。 具体要求： （1）分析校园志愿服务网站的业务流程； （2）根据业务流程分析志愿者信息表中的数据字段、数据类型等； （3）分析表 2-2-4 中各个数据字段的设置是否合理。		

表 2-2-4　岗位信息表（position、information）

NO	字段名称	主键	类型	字节
1	岗位编号	○	int	4
2	岗位名称		char	8
3	岗位负责人		char	8
4	到岗时间		date	8
5	所需专业		char	8
6	岗位地点		char	18

续表

任务步骤	
任务总结	
评分标准	（1）内容完成度（60分）； （2）文档规范性（30分）； （3）拓展与创新（10分）。	得分	

任务 2-3　志愿服务数据库的表操作

知识目标

- 掌握创建数据表的方法
- 掌握查看数据表结构的方法
- 掌握修改数据表的方法
- 掌握删除数据表的方法

技能目标

- 熟练掌握进入 MySQL 数据库的命令
- 熟练掌握创建、查看、修改和删除数据表的命令

素质目标

- 了解关系型数据库和非关系型数据库
- 熟悉数据库管理员的工作职责
- 学习我国《刑法》中有关信息泄漏的法律法规

重点

- 数据表的基本操作：创建、查看、修改和删除

难点

- 对数据表进行基本操作的命令
- 数据表基本操作的扩展

一、任务描述

在校园志愿管理系统数据库创建完成之后，需要对该管理系统进行业务需求分析，根据不同的业务场景设置不同的数据表来存放业务数据。本任务以校园志愿服务网站的业务流程

为依托，对已存在的管理系统数据库"volunteermanagementsystem"进行数据表的基本操作。

业务 1：志愿者、管理员在进行注册时，需要将自己的基本信息进行存储，因此需要创建志愿者信息表（volunteer_personal_information），并向其中添加志愿者编号（volunteerNumber）、姓名（name）等字段；需要创建管理员表（dbadmin），并向其中添加登录编号（loginNumber）、姓名（name）等字段。

业务 2：岗位负责人负责志愿服务岗位信息的录入、修改，因此需要建立岗位信息表（position_information），并向其中添加岗位编号（postNumber）、岗位描述（postDescription）、岗位负责人姓名（personInCharge）、岗位地点（postPosition）等字段。

业务 3：志愿者进行志愿服务时需要记录志愿者派出进入服务岗位的基本情况，并且在服务完成之后需要对服务状态进行记录，因此需要创建志愿者派出表（volunteer_assign），并添加派出编号（assignNumber）、志愿者编号（volunteerNumber）、岗位编号（postNumber）、派出时间（assignTime）4 个字段；需要创建服务记录表（service_record），并添加评价编号（evaluationNumber）、派出编号（assignNumber）、完成状态（completeInformation）、评分（score）等字段。

业务 4：在完成各数据表的创建之后，需要查看数据表的结构是否满足项目需求，如不满足，需要对数据表进行修改或删除等操作。

为满足上述业务需求，在校园志愿服务管理系统数据库中需要创建多个数据表，本任务以志愿者信息表为例对数据表的创建、查看、修改和删除操作进行讲解。

二、思路整理

1. 数据表文件

校园志愿服务网站中的数据以记录的形式存放在数据表中，而数据表以文件的形式存储在本地磁盘的数据库目录中。选择不同的数据库引擎对应的数据表的文件格式有所不同。MyISAM 数据表中存在结构定义文件、数据文件和索引文件，用户打开数据库目录可以发现三种文件分别以.frm、.myd 和.myi 为后缀名。例如，以 InnoDB 为存储引擎的数据表，存在一个以.frm 为后缀名的文件，该文件与数据表相对应，并且与该文件在同一目录下的其他文件表示为表空间，InnoDB 正式通过表空间的概念来管理数据表。

2. 数据表的基本操作

1）进入数据库

进入数据库，在指定的数据库中进行数据表的操作。

语法格式：

```
USE 数据库名称;
```

2）创建数据表

在创建数据表时要指定数据表的名称，因此需要注意数据表的命名规则，例如，数据表的命名规范问题、数据字段的命名规范问题等。

语法格式：
```
CREATE TABLE 数据表名称
(
    字段名 1        数据类型 约束条件,
    字段名 2        数据类型 约束条件,
    …
    表的约束条件
);
```

3）查看数据表的基本结构

语法格式：
```
DESC 数据表名称;
```

4）查看数据表的详细结构

语法格式：
```
SHOW CREATE TABLE 数据表名称;
```

5）修改数据表中某个字段的数据类型

语法格式：
```
ALTER TABLE 数据表名称 MODIFY 字段名 数据类型;
```

6）删除数据表

语法格式：
```
DROP TABLE 数据表名称;
```

三、代码实现

下面保持清醒的头脑、平静的心，整理思路开始代码的编写。

1. 选择数据库

实例：选择在名为"volunteermanagementsystem"的数据库中进行数据表的操作，运行效果如图 2-3-1 所示。

```
USE volunteermanagementsystem;
```

```
mysql> use volunteermanagementsystem;
Database changed
```

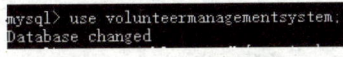

图 2-3-1　选择数据库

2. 数据表的基本操作

1）创建基本的数据表

实例：创建一个名为"volunteer_personal_information"的志愿者信息表，并添加相应字段，设置"volunteerNumber"字段为主键，运行效果如图 2-3-2 所示。

```
CREATE TABLE volunteer_personal_information
```

```
(
    volunteerNumber        int  PRIMARY KEY,
    name                   varchar(8),
    sex                    char(1),
    loginKey               varchar(100),
    birthday               date,
    nationality            char(5),
    politicCountenance     char(4),
    identity               char(2),
    professionalSkill      varchar(10),
    telephoneNumber        char(11),
    IDNumber               char(18),
    registrationTime       datetime,
    exitTime               datetime,
    countScore             int,
    orderNumber            int
);
```

```
mysql> CREATE TABLE volunteer_personal_information
    -> (
    -> volunteerNumber int  PRIMARY KEY,
    -> name            varchar(8),
    -> sex                char(1),
    -> loginKey            varchar(100),
    -> birthday            date,
    -> nationality       char(5),
    -> politicCountenance char(4),
    -> identity            char(2),
    -> professionalSkill varchar(10),
    -> telephoneNumber char(11),
    -> IDNumber      char(18),
    -> registrationTime datetime,
    -> exitTime            datetime,
    -> countScore      int,
    -> orderNumber     int
    -> );
Query OK, 0 rows affected (0.02 sec)
```

图 2-3-2　创建数据表

2）查看数据表的基本结构

实例： 查看名为“volunteer_personal_information”的数据表的基本结构，运行效果如图 2-3-3 所示。

```
DESC volunteer_personal_information;
```

```
mysql> DESC volunteer_personal_information;
+--------------------+--------------+------+-----+---------+-------+
| Field              | Type         | Null | Key | Default | Extra |
+--------------------+--------------+------+-----+---------+-------+
| volunteerNumber    | int          | NO   | PRI | NULL    |       |
| name               | varchar(8)   | YES  |     | NULL    |       |
| sex                | char(1)      | YES  |     | NULL    |       |
| loginKey           | varchar(100) | YES  |     | NULL    |       |
| birthday           | date         | YES  |     | NULL    |       |
| nationality        | char(5)      | YES  |     | NULL    |       |
| politicCountenance | char(4)      | YES  |     | NULL    |       |
| identity           | char(2)      | YES  |     | NULL    |       |
| professionalSkill  | varchar(10)  | YES  |     | NULL    |       |
| telephoneNumber    | char(11)     | YES  |     | NULL    |       |
| IDNumber           | char(18)     | YES  |     | NULL    |       |
| registrationTime   | datetime     | YES  |     | NULL    |       |
| exitTime           | datetime     | YES  |     | NULL    |       |
| countScore         | int          | YES  |     | NULL    |       |
| orderNumber        | int          | YES  |     | NULL    |       |
+--------------------+--------------+------+-----+---------+-------+
15 rows in set (0.01 sec)
```

图 2-3-3 查看表的基本结构

3）查看数据表的详细结构

实例： 查看名为“volunteer_personal_information”的数据表的详细结构，运行效果如图 2-3-4 所示。

```
SHOW CREATE TABLE volunteer_personal_information;
```

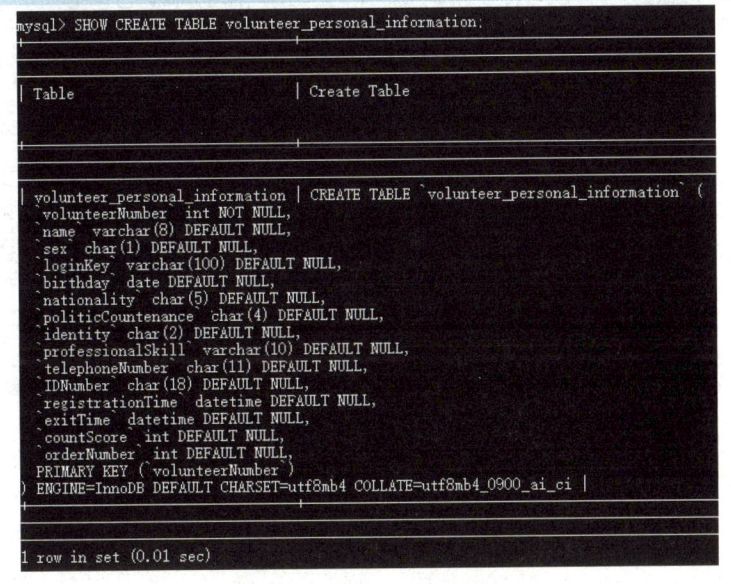

图 2-3-4 查看表的详细结构

4）修改数据表中某个字段的数据类型

实例：将"volunteer_personal_information"表中 sex 字段的数据类型由 char(1)修改为 char(2)，运行效果如图 2-3-5 所示。

```
ALTER TABLE volunteer_personal_information MODIFY sex char(2);
```

图 2-3-5 修改 sex 字段的数据类型

5）修改某一字段的名称

实例：将"volunteer_personal_information"表中 loginKey 字段的名称修改为 pwd，并且设置数据类型为 varchar(128)，运行效果如图 2-3-6 所示。

```
ALTER TABLE volunteer_personal_information CHANGE COLUMN loginKey pwd varchar(128);
```

图 2-3-6 修改字段的名称

6）修改数据表的名称

实例：将"volunteer_personal_information"表的名称修改为"vol_per_info"，运行效果如图 2-3-7 所示。

```
ALTER TABLE volunteer_personal_information RENAME TO vol_per_info;
```

图 2-3-7 修改数据表的名称

7）删除数据表

实例：删除名为"volunteer_personal_information"的数据表，删除成功之后，系统会提示删除成功。

```
DROP TABLE volunteer_personal_information;
```

二维码 2-3-1
数据表的基本操作

四、创新训练

1. 观察与发现

用户应当细心观察，为的是理解；应当努力理解，为的是行动。

数据表的存储路径等问题：用户在本地完成数据库和数据表的创建等操作之后，当对数据表文件进行直接操作时，需要找到数据库和数据表在本地的存储文件，思考一下数据库和数据表的默认存储路径在哪里？默认的存储路径能不能修改？修改方法是什么？

2. 探索与尝试

经过无数次艰辛地尝试并不一定能够收获成功，但放弃尝试意味着永远放弃成功。

在 MySQL 中包括数据文件和日志文件，数据文件又包括主数据文件和辅数据文件，思考一下主数据文件和辅数据文件在后缀名、存在数量等方面的区别。

3. 职业素养的养成

数据库管理员的工作职责如下。

（1）负责数据库系统的全面管理工作，保障数据库系统安全、平稳地运行。

（2）负责记录数据库的运行状况，定期进行数据备份。

（3）负责数据库中数据的保密工作，严防数据泄露事件发生。

（4）负责对开发人员所需的数据库文件信息进行整理。

数据泄露的刑事犯罪：无论是数据库管理员还是数据库从业者，都应保障个人或企业数据安全及数据隐私，我国《刑法》第二百五十三条和第二百一十九条分别对侵害个人信息和企业数据进行了刑期和处罚金额的明确规定。

作为一名管理数据库系统、维护数据库系统安全的工程师，一方面要有个人工作原则，另一方面要遵守国家的法律法规，知法、懂法、不犯法。

五、知识梳理

1. 进入数据库的方法

在对数据表进行创建、查看、删除等基本操作之前，需要选定对哪个数据库中的数据表进行操作，因此使用 USE 命令选中数据库是学习数据表操作的前提。这里以使用 DESC 命令查看表结构为例，若没有选中数据库就直接查看数据表结构，则系统会报错，具体错误信息如图 2-3-8 所示。

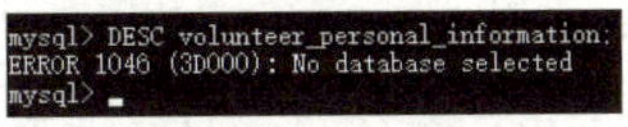

```
mysql> DESC volunteer_personal_information
ERROR 1046 (3D000): No database selected
mysql>
```

图 2-3-8　系统错误

2. 数据库中数据表的基本操作

1）创建数据表

创建数据表就是在已经存在的数据库中建立新表，建立新表的过程既是定义数据列属性的过程，又是进行数据完整性约束的过程。数据完整性包括实体完整性、引用完整性和域完整性。在创建新表时应尽量避免表名重复，若创建的新表已经存在，则系统会给出形如"Table 表名 already exists"的提示。

2）查看数据表的结构

在数据表创建完成之后，需要查看表结构，以确保新建表中的各个字段正确。查看表结构的方法有两种，即使用 DESCRIBE/DESC 查看表的字段名、字段类型、主键设置情况、默认值等基本信息；使用 SHOW CREATE TABLE 查看表的详细信息。

3）修改数据表

在数据表创建完成之后，需要根据需求对数据表的结构进行修改，以满足项目的需要。对数据表结构进行修改的常见操作有修改表名、修改字段的数据类型、修改字段名、修改表的存储引擎等。

（1）修改表名：

```
ALTER TABLE 旧表名 RENAME TO 新表名；（注：有无"TO"并不影响最终结果）
```

（2）修改字段的数据类型：

```
ALTER TABLE 表名 MODIFY 字段名 数据类型；
```

（3）修改字段名：

```
ALTER TABLE 表名 CHANGE COLUMN 旧字段名 新字段名 新数据类型；
```

（4）修改表的存储引擎：

```
ALTER TABLE 表名 ENGINE=新引擎名；
```

4）删除数据表

使用 DROP TABLE 删除数据库中不再需要的数据表，这种方法仅适用于被删除表与其他表之间没有关联的情况，若被删除表与其他表之间存在外键关联，那么在删除父表的时候会因破坏参照完整性而导致删除失败。若必须删除，则需要解除与子表之间的关联关系，或父表与子表一起删除。

六、任务总结

1. 知识树

数据表的基本操作知识树如图 2-3-9 所示。

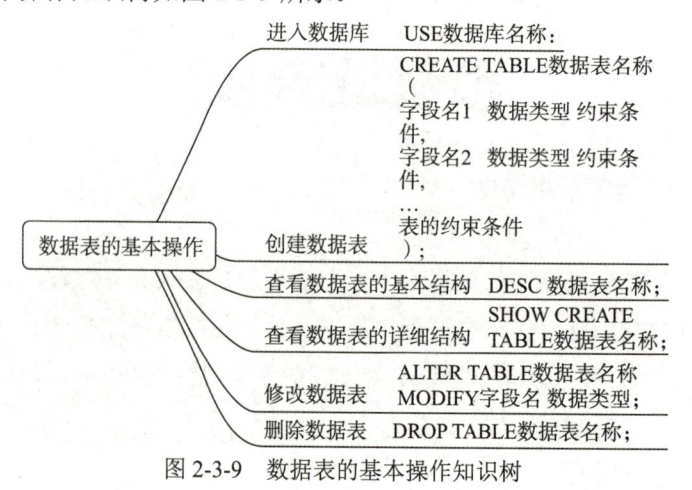

数据表的基本操作		
进入数据库	USE 数据库名称；	
创建数据表	CREATE TABLE 数据表名称 （ 字段名1 数据类型 约束条件, 字段名2 数据类型 约束条件, … 表的约束条件 ）；	
查看数据表的基本结构	DESC 数据表名称；	
查看数据表的详细结构	SHOW CREATE TABLE 数据表名称；	
修改数据表	ALTER TABLE 数据表名称 MODIFY 字段名 数据类型	
删除数据表	DROP TABLE 数据表名称；	

图 2-3-9　数据表的基本操作知识树

2. 拓学关键字

临时表、表变量。

七、思考讨论

在创建数据表之后，数据文件默认存储在 MySQL 安装路径的 data 文件夹下，思考一下用户能否自定义数据表的存储路径。

八、自我检查

（1）删除数据表用下列（　　）。

　　A. DROP　　　　B. UPDATE　　　　C. DELETE　　　　D. DELETED

（2）下列创建表的语句正确的是（　　）。

A. CREATE TABLE mytable(id int(12),username varchar(20))

B. CREATE TABLE mytable(id int(12),username varchar(20));

C. CREATE TABLE mytable(id(12), username(20) varchar))

D. CREATE TABLE mytable(id int(12);uername varchar(20));

（3）若要撤销数据库中已经存在的表 S，可用（　　）。

A. DELETE TABLE S　　B. DELETE S　　C. DROP S　　D. DROP TABLE S

九、挑战提升

任务工单

课程名称　_____　　　　　任务编号　____2-3____．
班级/团队　_____　　　　　学　　期　_____．

任务名称	志愿服务数据库的表操作	学时	
任务技能目标	（1）熟练掌握进入 MySQL 数据库的命令； （2）熟练掌握创建、查看、修改和删除数据表的命令。		
任务描述	根据校园志愿服务网站中的业务逻辑在数据库中创建相应的数据表来存放数据，实现上述业务逻辑。 具体要求： （1）使用命令进入名为"volunteermanagementsystem"的数据库； （2）创建名为"volunteer_personal_information"的数据表，并根据需求添加字段的相关信息； （3）使用表查询命令验证数据表是否创建成功； （4）使用修改命令对不适合的字段进行修改； （5）创建名为"test"的数据表，并指定任意字段； （6）使用删除命令删除名为"test"的数据表； （7）使用查询命令验证 test 数据表是否删除成功。		

续表

任务步骤	
任务总结	
评分标准	(1)内容完成度(60分); (2)文档规范性(30分); (3)拓展与创新(10分)。	得分	

项目三 志愿服务数据库的数据操作

任务 3-1 志愿服务数据库中表数据的操作

知识目标

- 掌握向数据表中插入数据的方法
- 掌握查看数据表中数据的方法
- 掌握修改数据表中数据的方法
- 掌握删除数据表中记录的方法
- 掌握清空数据表中所有记录的方法

技能目标

- 熟练掌握插入、查询、修改、删除数据表中数据的操作和清空表记录的操作
- 了解数据表中记录的其他操作方法

素质目标

- 熟悉工程项目中数据处理工具 Excel 和数据库的区别
- 培养学生成为一名有理想、有抱负、有责任心的主动型数据库从业者

重点

- 区分数据表和表数据的操作

难点

- MySQL 数据库管理语句
- 表中数据的基本操作

一、任务描述

若将校园志愿管理系统数据库理解为一个书架，那么任务 2-3 中创建的数据表就是书架上存放的书籍，如何对书籍中的数据进行操作则是本任务需要学习的问题。个人申请注册为校园志愿者应先在校园志愿服务网站中填写志愿者姓名、账号、密码等个人信息，若志愿者信息

发生改变应及时在校园志愿管理系统数据库中进行信息更新，志愿者退出所有校园志愿项目时应将志愿者信息从后台数据库"volunteermanagementsystem"中删除，以保证数据库管理系统正常运行。本任务以志愿者信息表"volunteer_personal_information"为例，上述业务的运行也是对数据表进行插入数据、查询数据、修改数据以及删除数据的操作。

（1）插入数据：志愿者加入志愿项目，首先应进行网站注册，填写的个人信息数据被插入志愿者信息表"volunteer_personal_information"中，按照表中的字段名称、字段数据类型、主键设置等要求向表中依次插入一行或多行志愿者信息数据。此外，在插入数据时要确保主键字段（这里指的是"volunteerNumber"字段）不重复，否则插入数据不成功。

（2）查询数据：当数据表"volunteer_personal_information"中的志愿者信息数据进行插入、修改或删除操作后，为验证插入的志愿者信息是否有误、修改某字段数据是否满足要求、删除无效数据是否删除成功，需要对志愿者信息表进行查询操作。查询语句也是使用频率最高的 SQL 语句。

（3）修改数据：当发现志愿者信息表中插入的数据错误、志愿者进行个人数据更新或某个字段不满足业务要求时，可以使用修改语句对志愿者错误或遗漏数据进行一行或多行的信息更新。

（4）删除数据：志愿者信息表中记录了每位志愿者的详细信息，当志愿者退出所有志愿服务项目时应该将该志愿者的信息进行删除，以释放系统数据库的空间。

二、思路整理

1. 选择数据库

选择数据库，可以在指定的数据库中对数据表的字段进行操作。

语法格式：

```
USE 数据库名；
```

2. 对表中数据的基本操作

对表中数据的基本操作主要包括插入数据、修改数据、删除数据、查询数据等。这里介绍前三种操作，对表中数据的查询操作将在后续任务中单独讲解。

1）向表中插入数据

在向数据表中插入数据的时候可能存在一次插入一行数据、一次插入多行数据、插入部分字段的数据记录等情况，可以使用不同的 INSERT 形式进行插入。

语法格式：

```
INSERT INTO 数据表名(字段1,字段2,…,) VALUES(值1,值2,…,值n);
```

2）修改表中的数据

语法格式：

```
UPDATE 数据表名 SET 字段1=值1 ,字段2=值2 WHERE 子句；
```

3）删除表中的数据

语法格式：

```
DELETE FROM 数据表名 WHERE 子句；
```

4）清空表中的所有记录

语法格式：

```
TRUNCATE TABLE 数据表名；
```

三、代码实现

下面保持清醒的头脑、平静的心，整理思路开始代码的编写。

1. 选择数据库

实例：选择在名为"volunteermanagementsystem"的数据库中进行数据表的操作。

```
USE volunteermanagementsystem;
```

2. 对表中数据的基本操作

1）插入数据

实例：向志愿者信息表"volunteer_personal_information"中插入数据。

```
INSERT INTO volunteer_personal_information(volunteerNumber,name,sex,loginKey,birthday,nationality,politicCountenance,identity,professionalSkill,telephoneNumber,IDNumber,RegistrationTime,exitTime,countScore,orderNumber)VALUES(20220202,'小李','男','admin',20000101,'汉','共青团员','学生','计算机','13333655813','320826200001016047',20220202,null,0,0);
```

2）修改数据

实例：修改 volunteer_personal_information 表中志愿者编号（volunteerNumber）字段的值为 20220202 的记录，将 countScore 字段的值修改为 5，将 orderNumber 字段的值修改为 1。

```
UPDATE volunteer_personal_information SET countScore=5,orderNumber=1 WHERE volunteerNumber=20220202;
```

3）删除数据

实例：删除 volunteer_personal_information 表中志愿者编号（volunteerNumber）字段的值为 20220202 的记录。

```
DELETE FROM volunteer_personal_information WHERE volunteerNumber=20220202;
```

4）清空表中的所有记录

实例：清空 volunteer_personal_information 表中的所有记录。

```
TRUNCATE TABLE volunteer_personal_information;
```

二维码 3-1-1
表数据的基本操作

四、创新训练

1. 观察与发现

一切推理都必须从观察与实验中得来。——伽利略

在进行数据的查询操作时，为提高数据的查询效率，有时只需要将符合条件的数据记录输出。在 MySQL 中常使用 WHERE 和 HAVING 关键字进行数据过滤，请思考一下 WHERE 和 HAVING 关键字在使用上有哪些区别？

2. 探索与尝试

敢于尝试是一个人敢于挑战自我的表现，只有敢于尝试才可能迎来成功。

MySQL 提供了简洁的 SQL 语句进行数据查询，这使得使用 MySQL 进行数据操作远远比使用 Excel 便捷。另外，在完成较为复杂的数据查询时往往会用到子查询，用户需要了解一下使用子查询语句时的语法规则和注意事项。

语法规则：子查询语句的语法规则和普通查询语句的语法规则一致，只不过需要注意子查询语句的放置位置。

注意事项：（1）子查询语句可以嵌套在 SQL 语句中任何表达式出现的位置；（2）只存在于子查询语句未出现于父查询语句中的表不能包含在输出列中。

3. 职业素养的养成

按照个人的主观能动性，程序员可以划分为服从型程序员和主动型程序员。服从型程序员被动接受公司指定的语言和开发方式，在项目开发中拥有有限的主动权。衡量一名程序员是主动型还是服从型在很大程度上取决于其进取心。进取心较低是大部分服从型程序员的真实写照，没有人督促便不会主动去承担工作；另外，在项目开发过程中没有从用户和体验的角度去思考，工作态度敷衍。

作为新时代的大学生，应该做一名有理想、有抱负、有责任心的主动型数据库管理员和从业者，端正工作态度，了解项目亮点，深入理解项目的开发需求；并且在完成项目全部功能的前提下注重数据与用户的交互，从用户角度思考，完善具体功能；另外，要有自己对于项目的看法和思想，在完成自己的任务之外主动参与具有挑战性的项目节点，不断提升自身的技术能力，为以后的职业生涯打下坚实的基础。

五、知识梳理

对于表中数据的基本操作，MySQL 数据库管理系统为初学者和用户提供了功能丰富的 SQL 语句，用于实现对表中数据的简单操作，例如，向数据表中插入数据的 INSERT 语句、查询表中数据的 SELECT 语句、更新表中数据的 UPDATE 语句以及删除表中多余数据的 DELETE 语句。

1. 插入数据

在使用数据表进行数据的操作之前，首先要向相应的数据表中添加数据。在 MySQL 中 INSERT 语句有两种语法格式，前面讲到的是第一种，另一种语法格式如下：

```
INSERT INTO 数据表名(字段1,字段2,…,) SET(值1,值2,…,值n);
```

这两种语法格式都可以实现向数据表中插入新数据，不同的是 INSERT…VALUE 语句可以实现一次插入一行或多行数据；INSERT…SET 语句可以实现向指定列中插入指定值，可以是一列也可以是部分列。

此外，INSERT 语句可以和 SELECT 语句组合使用，实现向当前表中插入其他表中的数值。

2. 修改数据

使用 MySQL 中的 UPDATE 语句进行数据的修改和数据表的更新，可以使用单独的 UPDATE 语句对表中某个字段的值进行更新，也可以搭配 WHERE、ORDER BY 和 LIMIT 语句有条件地对表中数据进行修改。UPDATE 语句的具体语法格式如下：

```
UPDATE
表名
SET 字段1=新值1
[WHERE 条件子句]
[ORDER BY 条件子句]
[LIMIT 记录数];
```

WHERE 条件子句：指定数据表中需要被修改的行，对满足条件的行中的数据进行修改。

ORDER BY 条件子句：对需要修改数据的行进行排序，使数据的更新按照排序顺序依次进行。

LIMIT 记录数：指定需要修改数据的行的范围，记录数只能为正整数。

3. 删除数据

将数据表中不再需要的数据删除，可以释放系统的磁盘空间。在 MySQL 中使用 DELETE 语句可以删除一行或多行数据。DELETE 语句的具体语法结构如下：

```
DELETE
FROM 表名
[WHERE 条件子句]
[ORDER BY 条件子句]
[LIMIT 记录数];
```

WHERE 条件子句：指定数据表中需要被删除的行，若不添加 WHERE 子句，则系统默认删除所有行。

ORDER BY 条件子句：按照条件子句指定的顺序删除数据表中的数据。

LIMIT 记录数：告知服务器在控制命令返回到客户端前被删除的行的最大值。

4. 清空表记录

MySQL 中的另一个删除关键字是 TRUNCATE，TRUNCATE 用于完全清空一个表。

删除关键字 TRUNCATE 和 DELETE 的区别如下：

（1）DELETE 对数据表中的数据进行逐行删除，TRUNCATE 则是直接删除该数据表，并创建一个和原来结构相同但数据记录为空的新表，因此使用 TRUNCATE 删除数据比使用

DELETE 删除数据的速度更快。若要将数据表进行全部删除，应优先使用 TRUNCATE。

（2）在执行 DELETE（删除操作）后，可由事件回滚找回删除记录，而 TRUNCATE 不支持事件回滚，删除后无法找回。

（3）DELETE 可以搭配 WHERE 使用，而 TRUNCATE 不支持。

（4）DELETE 执行完毕后返回删除的行数，而 TRUNCATE 只能返回 0。

六、任务总结

1. 知识树

对表中数据的基本操作知识树如图 3-1-1 所示。

```
                     ┌─ 选择数据库  USE
                     ├─ 插入数据    SELECT
                     ├─ 查询数据    INSERT INTO
对表中数据的基本操作 ─┤─ 修改数据    UPDATE
                     ├─ 删除数据    DELETE FROM
                     └─ 清空表记录  TRUNCATE
```

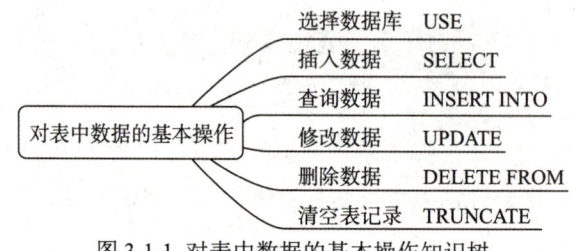

图 3-1-1 对表中数据的基本操作知识树

2. 拓学关键字

多表关联更新、交叉连接。

七、思考讨论

在 MySQL 的数据表中插入新记录时是否必须指定相应字段名称？

八、自我检查

1. 单选题

（1）对于数据定义语言中的创建、修改、删除，下列选项中完全正确的是（　　）。

A. 创建（CREATE）、修改（ALTER）、删除（UPDATE）

B. 创建（ALTER）、修改（MODIFY）、删除（DROP）

C. 创建（CREATE）、修改（ALTER）、删除（DROP）

D. 创建（ALTER）、修改（CREATE）、删除（DROP）

（2）数据操纵语言中包括 SELECT、INSERT、UPDATE、DELETE 等语句，其中最重要、使用最频繁的语句是（　　）。

    A. UPDATE   B. SELECT

    C. DELETE   D. INSERT

（3）以下聚合函数中求数据总和的是（　　）。

  A. MAX   B. SUM

  C. COUNT   D. AVG

（4）SQL 语言集数据查询、数据操纵、数据定义和数据控制功能于一体，其中 CREATE、DROP、ALTER 语句用于实现（　　）功能。

  A. 数据操控   B. 数据控制

  C. 数据定义   D. 数据查询

（5）若要在基本表 S 中增加一列 CN(课程名)，可用（　　）。

  A. ADD TABLE S ALTER(CN char(8))

  B. ALTER TABLE S ADD(CN char(8))

  C. ADD TABLE S(CN char(8))

  D. ALTER TABLE S (ADD CN char(8))

2. 多选题

（1）若用"CREATE TABLE SC(S# char(6) NOT NULL, C#char(3) NOT NULL,SCORE integer,NOTE char(20));"语句创建了一个 SC 表，在向 SC 表中插入数据时，下列数据中可以被成功插入的是（　　）。

  A. ('201009','111',60,'必修')   B. ('200823','101', NULL,NULL)

  C. (NULL,'103',80,'选修')   D. ('201132', NULL,86,'101')

（2）数据表 user 中有 id、name 和 age 三个字段，数据类型分别为 int(11)、varchar(20)和 int(20)，现在想添加一个新的字段 email，数据类型为 varchar(30)，并将该字段添加为表中的最后一个字段，以下语句中正确的是（　　）。

  A. ALTER TABLE user ADD email varchar(30) LAST

  B. ALTER TABLE user ADD email varchar(30) AFTER name

  C. ALTER TABLE user ADD email varchar(30) AFTER age

  D. ALTER TABLE user ADD email varchar(30)

（3）下列选项中属于 MySQL 中删除操作的是（　　）。

  A. CLEAR TABLE tablename;   B. DROP TABLE table_name;

  C. DROP DATABASE db_name;   D. DELETE FROM tablename;

（4）对于"DELETE FROM student WHERE s_id >5"的含义，下列表述中不正确的是（　　）。

  A. 删除 student 表中所有的 s_id

  B. 删除 student 表中所有 s_id 大于 5 的记录

  C. 删除 student 表中所有 s_id 大于或等于 5 的记录

  D. 删除 student 表

（5）若用"
 CREATE TABLE SC(S# char(6) NOT NULL,C#char(3) NOT NULL,SCORE integer,NOTE char(20))
;"语句创建了一个 SC 表，在向 SC 表中插入数据时，下列数据中可以被成功插入的是（   ）。

    A. ('201009','111',60,'必修')

    B. ('200823','101',NULL,NULL)

    C. (NULL,'103',80,'选修')

    D. ('201132',NULL,86,'101')

九、挑战提升

任务工单

课程名称	_____		任务编号	3-1
班级/团队	_____		学　　期	_____
任务名称	志愿服务数据库中表数据的操作		学时	
任务技能目标	（1）熟练掌握数据表中数据的插入、查询、修改、删除操作和清空表记录的操作； （2）了解数据表中记录的其他操作方法。			
任务描述	本任务以志愿者信息表"volunteer_personal_information"为例，上述业务的运行也是对数据表进行插入数据、查询数据、修改数据以及删除数据的操作。 具体要求： （1）使用 INSERT 语句在数据表中添加数据记录； （2）使用 SELECT 语句验证数据记录的插入是否正确； （3）使用 UPDATE 语句对数据记录中错误的数据进行修改、更新； （4）使用 DELETE 语句对错误的数据记录进行清除； （5）尝试每种 SQL 语句的其他情况的用法。			
任务步骤				
任务总结				
评分标准	（1）内容完成度（60 分）； （2）文档规范性（30 分）； （3）拓展与创新（10 分）。		得分	

项目四 志愿服务数据库的完整性实现

任务 4-1　志愿服务数据库的完整性约束

知识目标
- 了解数据库完整性的概念
- 掌握常用约束的使用

技能目标
- 掌握 MySQL 中常用约束的使用
- 完成数据完整性在校园志愿服务网站数据库设计中的应用

素质目标
- 培养规范化意识、工程意识
- 培养专注创新、攻坚克难的精神

重点
- 数据库完整性的概念
- 数据完整性在数据库设计中的应用

难点
- 主键约束、外键约束

一、任务描述

创建志愿者信息表（volunteer_personal_information），设置志愿者编号（volunteerNumber）字段为主键，为姓名（name）字段设置非空约束，为民族（nationality）字段设置默认值"汉族"，为身份证号码（IDNumber）字段添加唯一约束。

二、思路整理

在前面的任务中讲解了数据库存储的基本概念和基本操作（数据库管理、数据表管理），但是在讲解数据表管理时仅涉及创建、修改、删除数据表的内容，而没有考虑表的属性值是否重复、是否符合；属性值是否有条件约束。例如，在志愿者信息表中志愿者编号不能有重复的，志愿者派出表和服务记录表的派出编号必须一致。

1. 数据库的完整性

数据库的完整性是指数据库中的数据具有正确性、有效性、相容性，可以有效地防止错误的数据进入数据库。

（1）正确性：正确性是指数据的合法性。例如，一个数值型数据不能含有字母或者特殊符号，否则就不正确，失去了完整性。

（2）有效性：有效性是指数据是否在定义的有效范围内。例如，一年有 12 个月，如果出现第 13 个月，就不是有效的数据。

（3）相容性：相容性是指在多用户多任务的环境下保证更新时数据不出现与实际不一致的情况。

数据库的完整性约束是指设计完整性规则，用于保持数据的一致性和正确性，这些规则对输入的数据进行检查。数据库管理系统通过维护数据的完整性来防止存储垃圾数据。每种 DBMS 都有一套用于保护数据完整性的工具。

2. 数据的完整性

数据完整性有三类，即实体完整性、参照完整性和用户定义完整性，如图 4-1-1 所示。

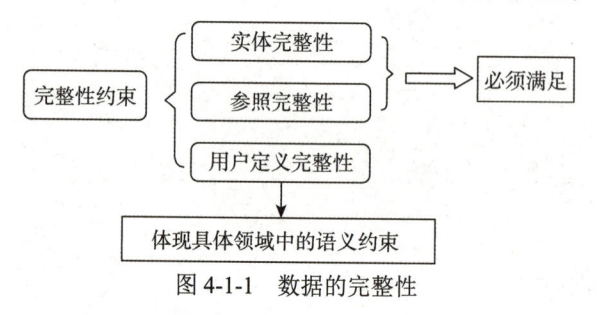

图 4-1-1　数据的完整性

（1）实体完整性：实体完整性将行定义为特定表的唯一实体。实体完整性强制表的标识符列或主键的完整性。这项规则要求每个数据表都必须有主键，而作为主键的所有字段，其属性必须是唯一的，并且不能是空值。使用约束：主键、唯一。

（2）参照完整性：在输入或删除记录时，参照完整性保持表之间已定义的关系。在 MySQL 中参照完整性基于主键和外键之间的联系，参照完整性确保键值在所有表中一致。这样的一致性要求不能引用不存在的值，如果键值更改了，那么在整个数据库中对该键值的所有引用要进行一致的更改。使用约束：外键。

（3）用户定义完整性：按系统的需求设计各种自定义的完整性检查，例如，用户名唯一、密码不能为空、年龄不能为负数等。

用户定义完整性可以涵盖实体完整性、域完整性、参照完整性等完整性类型。

（4）域完整性：关注数据的格式是否符合要求。强制域有效性的方法有限制类型（通过数据类型）、限制可能值的范围。使用约束：非空、外键、DEFAULT。

3. MySQL 完整性的实现

MySQL 提供了一套确保数据完整性的方法，主要有约束、规则、触发器等。本任务将讲解 MySQL 的各种完整性技术中的约束部分。那么什么是约束？约束是用来规范表中结构的，是一种限制，是为了保证数据的可靠性和稳定性。

下面介绍一些常见的约束及其作用。

（1）PRIMARY KEY：主键约束，用于保证该字段具有唯一性，并且非空。主键约束主要用来标识实体集中每个实体对象的唯一性，以区别实体集中的其他实体对象，比如志愿者编号、岗位编号。

（2）NOT NULL：非空约束，用于保证某字段/某列的值不允许为空。非空约束属于域完整性。NULL 是用户不知道、不确定或无法填入的值。NULL 不能理解为 0、空格、空白。比如，岗位信息表中含有"所需人数"字段，当暂时无法确定人数时，数据库则自动设置其为 NULL，而不是 0，如果是 0，则表示所需人数为 0，而 NULL 表示什么值也没有，这是两个完全不同的概念。

（3）DEFAULT：默认约束，用于保证某字段/某列有默认值。默认约束属于域完整性，如果一个表中的列定义了 DEFAULT 约束，在输入数据时，若该字段没有输入值，则由 DEFAULT 约束提供默认数据。这种约束的主要特征有以下几个方面。

① 每个字段只能有一个 DEFAULT 约束，即如果列上已经有一个默认约束，就不能在该列上再创建一个默认约束。

② DEFAULT 约束不能放在自增字段，因为这种字段能自动插入数据。

（4）UNIQUE：唯一约束，用于保证某字段/某列具有唯一性，可以为空。唯一约束主要用来限制在表的非主键列中不允许输入重复值，唯一约束属于实体完整性。

（5）FOREGIN KEY：外键约束，用来限制两个表的关系，用于保证该字段的值必须来自主表、从表的外键列，必须引用/参考主表的主键或唯一约束的列，被依赖/被参考的值必须是唯一的。比如，志愿者派出表中的志愿者编号必然属于志愿者信息表，即参照志愿者信息表中的志愿者编号，而志愿者编号在志愿者信息表中是主键，每个志愿者的编号都是唯一的。

4. 指令需求

（1）创建主键约束：

```
CREATE TABLE 表名(字段名 数据类型,字段名 数据类型,PRIMARY KEY(要设置成主键的字段));
```

（2）创建非空约束：

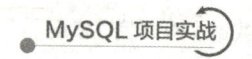

```
CREATE TABLE 表名(字段名 数据类型,字段名 数据类型 NOT NULL);
```

（3）创建默认约束：

```
CREATE TABLE 表名(字段名 数据类型,字段名 数据类型 DEFAULT '值');
```

（4）创建唯一约束：

```
CREATE TABLE 表名(字段名 数据类型,字段名 数据类型 UNIQUE);
```

（5）创建外键约束：

```
CREATE TABLE 表名(字段名 数据类型,字段名 数据类型,CONSTRAINT 外键名 FOREIGN KEY(从表的外键字段)
REFERENCES 主表(主键字段));
```

5. 相关问题

下面区分一下数据库的完整性和安全性。

（1）数据库的完整性：防止数据库中存在不符合语义的数据，也就是防止数据库中存在不正确的数据。防范对象：不合语义的、不正确的数据。

（2）数据库的安全性：保护数据库，防止被恶意破坏和非法存取。防范对象为非法用户和非法操作。

三、代码实现

志愿者信息表（volunteer_personal_information）的结构如表4-1-1所示。

表4-1-1 志愿者信息表（volunteer_personal_information）

序号	字段名称	字段编码	主键	类型	备注
1	志愿者编号	volunteerNumber	○	int	
2	姓名	name		varchar(8)	
3	性别	sex		char(1)	
4	密码	loginKey		varchar(100)	
5	出生日期	birthday		date	
6	民族	nationality		char(5)	
7	政治面貌	politicCountenance		char(4)	
8	身份	identity		char(2)	教师、学生或其他
9	专业技能	professionalSkill		varchar(10)	
10	电话号码	telephoneNumber		char(11)	
11	身份证号码	IDNumber		char(18)	
12	注册时间	registrationTime		datetime	
13	退出时间	exitTime		datetime	
14	积分	countScore		int	
15	接单数	orderNumber		int	

1. 打开已经创建的数据库

实例：打开已经创建的名为"volunteermanagementsystem"的数据库。

```
USE volunteermanagementsystem;
```

2. 创建表

实例：创建名为"volunteer_personal_information"的表，如图 4-1-2 所示。

其中：

```
主键约束：volunteerNumber int PRIMARY KEY        //志愿者编号字段
非空约束：name varchar(8) NOT NULL               //姓名字段
默认约束：nationality char(5) DEFAULT '汉'        //民族字段
唯一约束：IDNumber char(18) UNIQUE               //身份证号码字段
```

```
mysql> create table volunteer_personal_information(
    -> volunteerNumber int PRIMARY KEY,
    -> name varchar(8) NOT NULL,
    -> sex char(1),
    -> loginKey varchar(100),
    -> birthday date,
    -> nationality char(5) DEFAULT '汉',
    -> politicCountenance char(4),
    -> identity char(2),
    -> professionalSkill varchar(10),
    -> telephoneNumber char(11),
    -> IDNumber char(18) UNIQUE,
    -> registrationTime datetime,
    -> exitTime datetime,
    -> countScore int,
    -> orderNumber int)engine=innodb default charset=utf8;
Query OK, 0 rows affected (0.00 sec)
```

图 4-1-2　创建表

四、创新训练

1. 观察与发现

大家不仅希望自己能运用所掌握的知识去解决现有的问题，还希望自己有能力学习新知识、新技术去解决未来发展出现的问题，大家都希望自己是独立的思考者，而不是被别人随意牵引思维。但知识繁似星辰，浩如大海，哪些知识该学？该怎么学？该怎么审视和评判它们？对于这些只有靠自己慢慢观察与发现才能找到答案。

思考一下主键约束和唯一约束有什么区别？

主键约束用来保证字段的唯一性，若还要保证表中其他字段的数据也具有唯一性，使用 UNIQUE（唯一）约束会很合适。比如志愿者信息表（volunteer_personal_information），设置志愿者编号（volunteerNumber）字段为主键，由于每个志愿者的身份证号码是唯一的，那么就为身份证号码（IDNumber）字段设置了唯一约束。

2. 探索与尝试

大家变换角度看问题会开阔自己的思路，有助于多方面思考、处理问题，并且有助于培养主动性、开放性、创造性的思维。

尝试一下，如果在创建志愿者信息表（volunteer_personal_information）时忘记添加约束，该怎么做？是删除表重新建表还是在已建好的志愿者信息表（volunteer_personal_information）中添加约束？怎么添加？

3. 职业素养的养成

案例： 专注。当一个人专注于技术时，他的快乐就会变得很简单。他需要面对的只是一个问题，想方设法解决了，他就会感到很快乐。

王涛（80后），SequoiaDB（巨杉数据库）联合创始人，曾任职于北美 IBM DB2 Lab，作为核心研发成员参与 DB2 核心引擎的研发，以及世界上第一款分布式数据库——DB2 DPF 的研发。2011 年回国创业，王涛自主研发了金融级分布式数据库——SequoiaDB，获得技术业界及金融客户的广泛认可。自从接触计算机，王涛说他的快乐主要来自以下两点。

（1）创造。自己之前在学校学习的是游戏设计，有时设计出来的成果被同学或者老师认可，就会感到很快乐。

（2）解决别人无法解决的问题。在 IBM 时，有一次在 DB2 写一段程序始终不能顺利运行，最后发现是汇编语言与 C 语言的语义存在区别，导致优化器优化后存在 Bug，这个发现让自己很快乐。

五、知识梳理

1. 主键

（1）在创建表时指定主键。

实例： 在志愿者信息表中设置志愿者编号（volunteerNumber）字段为主键。

```
CREATE TABLE volunteer_personal_information(volunteerNumber int PRIMARY KEY,…);
```

（2）增加主键。

```
ALTER TABLE 表名 ADD PRIMARY KEY(字段名);
```

（3）删除主键。

```
ALTER TABLE 表名 DROP PRIMARY KEY;
```

2. 自增主键

在 MySQL 中，当主键被定义为自增长后，这个主键的值就不再需要用户输入了，而是由数据库系统根据定义自动赋值。在默认情况下，AUTO_INCREMENT 的初始值是 1，每新增一条记录，字段值会自动加 1。

在创建表时通过给字段添加 AUTO_INCREMENT 属性来实现主键自增长。

语法格式：

```
字段名 数据类型 AUTO_INCREMENT
```

注意： AUTO_INCREMENT 约束的字段只能是整数类型（TINYINT、SMALLINT、INT、BIGINT 等）。

3. 唯一约束

（1）在创建表时指定唯一约束。

实例：在志愿者信息表中为身份证号码（IDNumber）字段指定唯一约束。

`CREATE TABLE volunteer_personal_information(…,IDNumber char(18) UNIQUE,…);`

（2）删除唯一约束。

实例：删除身份证号码（IDNumber）字段的唯一约束。

`ALTER TABLE volunteer_personal DROP INDEX IDNumber;`

（3）给现有列添加唯一约束。

实例：给身份证号码（IDNumber）字段添加唯一约束。

`ALTER TABLE volunteer_personal ADD UNIQUE(IDNumber);`

4. 非空约束

（1）在创建表时给列指定非空约束。

实例：在志愿者信息表中为姓名（name）字段指定非空约束。

`CREATE TABLE volunteer_personal_information(…, name varchar(8) NOT NULL,,…);`

（2）删除非空约束。

实例：删除姓名（name）字段的非空约束。

`ALTER TABLE volunteer_personal MODIFY  name varchar(8);`

（3）给指定列指定非空约束。

实例：给姓名（name）字段指定非空约束。

`ALTER TABLE volunteer_personal MODIFY  name varchar(8) NOT NULL;`

5. 默认约束

（1）在创建表时给列指定默认约束。

实例：在志愿者信息表中为民族（nationality）字段指定默认约束。

`CREATE TABLE volunteer_personal_information(…, nationality char(5) DEFAULT '汉',…);`

（2）删除默认约束。

实例：删除民族（nationality）字段的默认约束。

`ALTER TABLE volunteer_personal MODIFY nationality char(5) DEFAULT  NULL;`

（3）给指定列指定默认约束。

实例：给民族（nationality）字段指定默认约束。

`ALTER TABLE volunteer_personal MODIFY nationality char(5) DEFAULT '汉';`

6. 外键

（1）在创建表时指定外键。

实例：创建志愿者派出表（volunteer_assign）并指定志愿者编号和岗位编号为外键。

二维码 4-1-1
外键约束

```
CREATE TABLE volunteer_assign(…,CONSTRAINT vol_fk1 FOREIGN KEY(volunteerNumber)
REFERENCES volunteer_personal_information(volunteerNumber),
    CONSTRAINT vol_fk2 FOREIGN KEY(volunteerNumber) REFERENCES position_information
(postNumber)…);
```

（2）删除外键约束（志愿者编号和岗位编号都有外键约束）。

实例：删除志愿者编号的外键约束。

```
ALTER TABLE volunteer_assign DROP FOREIGN KEY vol_fk1;
```

实例：删除岗位编号的外键约束。

```
ALTER TABLE volunteer_assign DROP FOREIGN KEY vol_fk2;
```

（3）给指定列指定外键约束：在一般情况下，表与表的关联都是提前设计好的，因此会在创建表的时候就把外键约束定义好。不过，如果需要修改表的设计，需要定义外键约束，可以用修改表的方式来补充定义。

语法格式：

```
ALTER TABLE 从表名 ADD CONSTRAINT 外键名 FOREIGN KEY(从表的外键字段) REFERENCES 主表(主键字段)
```

六、任务总结

1. 实体完整性的两种实现方式

实体完整性由主键和唯一约束来实现，确保表中记录有一列唯一标识。主键又分为 PRIMARY KEY 和 AUTO_INCREMENT PRIMARY KEY 两种。

（1）主键约束：一张表只能有一个主键，主键可以是一列，也可以是多列的组合。主键的值必须唯一，不允许为空。在 InnoDB 存储引擎中是以主键为索引来组织数据的。

（2）唯一约束：一张表可以有多个列添加唯一约束，并且一直允许一条记录为空值。

2. 对于外键约束需要注意的细节

对于外键约束，需要注意以下细节。

（1）从表中的外键通常为主表的主键。

（2）从表中外键的数据类型必须与主表中主键的数据类型一致。

（3）建立外键是为了保证数据的完整性和统一性。如果主表中的数据被删除或修改，从表中对应的数据该怎么办？很明显，从表中对应的数据也应该被删除或修改，否则数据库中会存在很多无意义的垃圾数据。

3. 拓学关键字

CHECK 约束。

七、思考讨论

如果表中记录有重复值，不允许添加唯一约束，应该怎么解决？

八、自我检查

（1）以下操作中能够实现实体完整性的是（　　）。

　　A. 设置唯一键　　　B. 设置外键　　　C. 减少数据冗余　　　D. 设置主键

（2）数据库的（　　）是指数据的正确性和相容性。

　　A. 安全性　　　　　B. 完整性　　　　C. 并发控制　　　　　D. 恢复

（3）下列不是 MySQL 约束的类型的是（　　）。

　　A. NOT NULL　　　B. UNIQUE KEY　　C. PRIMARY KEY　　D.SORT

（4）参照完整性要求有关联的两个或两个以上的表之间数据的完整性。参照完整性可以通过建立（　　）来实现。

　　A. 主键约束和唯一约束　　　　　　B. 主键约束和外键约束

　　C. 唯一约束和外键约束　　　　　　D. 以上都不是

（5）在为某数据库中的学生表录入数据时，经常需要一遍又一遍地输入"男"到学生的"性别"列，以下（　　）方法可以解决这个问题。

　　A. 创建一个 DEFAULT 约束（或默认值）

　　B. 创建一个 CHECK 约束

　　C. 创建一个 UNIQUE 约束（或唯一值）

　　D. 创建一个 PRIMARY KEY 约束（或主键）

6. 在下述 SQL 命令中，允许用户定义新关系时引用其他关系的主键作为外键的是（　　）。

　　A. INSERT　　　　B. DELETE　　　　C. REFERENCES　　D. SELECT

九、挑战提升

任务工单

课程名称 ＿＿＿＿＿＿＿＿＿＿＿　　　　　　　　　　任务编号 ＿＿＿4-1＿＿＿.
班级/团队 ＿＿＿＿＿＿＿＿＿＿＿　　　　　　　　　学　　期 ＿＿＿＿＿＿＿＿.

任务名称	志愿服务数据库的完整性约束	学时	
任务技能目标	（1）熟练掌握 MySQL 中外键约束的使用； （2）了解约束等级，掌握级联操作外键约束、置空外键约束的使用。		
任务描述	为 vol_assign（志愿者派出）表和 pos_info（岗位信息）表建立外键约束联系，有普通外键约束、级联操作外键约束、置空外键约束三种情况。 具体要求： （1）外键约束一：不能随意更改主表、从表（为上述两张表建立外键约束）； （2）外键约束二：级联删除、更新（删除、更新都采用 CASCADE 约束方式）； （3）外键约束三：置空 SET NULL（删除、更新都采用 SET NULL 约束方式）。		
任务步骤			

续表

任务总结			
评分标准	（1）内容完成度（60分）； （2）文档规范性（30分）； （3）拓展与创新（10分）。	得分	

项目五 志愿服务数据库的数据查询

任务 5-1 志愿者信息的基础查询

知识目标
- 掌握查询语句的功能
- 掌握查询语句的基本格式
- 掌握查询语句中各个子句的用途

技能目标
- 掌握 SELECT 语句的基本用法
- 掌握 LIMIT 子句的用法
- 学会设置字段的别名
- 掌握 WHERE 子句的用法
- 掌握 ORDER BY 子句的用法
- 掌握 GROUP BY 子句的用法
- 掌握 HAVING 子句的用法

素质目标
- 培养耐心细致、精益求精的精神
- 培养学生解决问题、分析问题的能力
- 激发学生信息资源管理的热情和学习兴趣
- 培养学生的安全意识及了解数据库开发规范的重要性

重点
- SELECT 语句的基本用法
- 条件查询
- 查询结果的排序及分组
- LIMIT 子句的用法

难点
- WHERE 子句和 HAVING 子句的区别
- 模糊查询
- 使用 LIMIT 子句进行分页

一、任务描述

在校园志愿服务网站中对志愿者的基本信息进行浏览和显示。

二、思路整理

1. 思路分析

志愿者的基本信息保存在数据库中，如果要对志愿者信息进行浏览和显示，就需要把这些信息从数据库中查询出来。对数据库中的信息进行查询要使用 SELECT 语句来完成。使用 SELECT 语句进行查询分为以下几种情况：查询志愿者的部分字段或全部字段；按照指定的条件对志愿者信息进行查询；为查询结果中的字段起别名，以便更好地识别这些字段；对查询结果按照某个字段进行分组或分组统计；对查询结果进行过滤；对查询结果中的记录进行排序；根据实际需求限定查询结果中返回的记录个数等。

2. 指令需求

（1）基本 SELECT 语句。

```
SELECT [DISTINCT] *|{列名1,列名2,列名3...} FROM <数据表名>
```

（2）设置字段的别名。

```
列名 [AS] 别名
```

（3）使用 WHERE 子句进行条件查询。

```
WHERE 条件
```

（4）使用 ORDER BY 子句对结果进行排序。

```
ORDER BY <列名1> [ASC|DESC][ <列名2> [ASC|DESC]]...
```

（5）使用 GROUP BY 子句进行分组。

```
GROUP BY 列名
```

（6）使用 HAVING 子句对分组后的结果进行过滤。

```
HAVING <条件表达式>
```

（7）使用 LIMIT 限定返回结果的行数。

```
LIMIT [start,] rows
```

3. 相关问题

（1）在查询时数据表中的字段名和 MySQL 中的关键字相同的问题。

（2）在查询时数据表中的字段名包含空格的问题。

三、代码实现

首先分析问题（考虑需要哪些指令），写出相应的指令（从模仿起步），然后整理指令的实现过程，开始代码的编写。

（1）查看服务器上有哪些数据库。

```
SHOW DATABASES;
```

（2）选择数据库。

```
USE volunteermanagementsystem;    #选择数据库为志愿服务数据库
```

二维码 5-1-1
SELECT 语句的
基本用法

（3）查看数据库 volunteermanagementsystem 中有哪些表。

```
SHOW TABLES;    #查看 volunteermanagementsystem 中有哪些表
```

（4）显示志愿者信息。

实例：从志愿者信息表中查询所有列的信息。其对应的 SQL 语句如下，运行结果如图 5-1-1 所示。

```
SELECT * FROM volunteer_personal_information;
```

图 5-1-1　运行结果

实例：从志愿者信息表中查询所有志愿者的姓名、性别和身份信息。其对应的 SQL 语句如下，运行结果如图 5-1-2 所示。

```
SELECT name,sex,identity FROM volunteer_personal_information;
```

实例：从志愿者信息表中查询所有志愿者的性别和身份信息并去掉重复的记录。其对应的 SQL 语句如下，运行结果如图 5-1-3 所示。

```
SELECT DISTINCT sex,identity FROM volunteer_personal_information;
```

（5）给字段设置别名。

实例：从志愿者信息表中查询所有志愿者的 name、sex、identity 字段，并给这三个字段依次指定别名为姓名、性别、身份。其对应的 SQL 语句如下，运行结果如图 5-1-4 所示。

```
SELECT name AS 姓名,sex AS 性别,identity 身份
```

```
FROM volunteer_personal_information;
```

图 5-1-2　运行结果

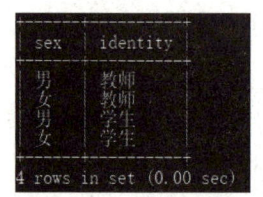

图 5-1-3　运行结果

（6）使用 WHERE 子句进行条件查询。

实例：查询志愿者信息表中所有男性志愿者的姓名、性别和身份证号码。其对应的 SQL 语句如下，运行结果如图 5-1-5 所示。

```
SELECT name,sex,IDnumber  FROM volunteer_personal_information
   WHERE  sex='男';
```

二维码 5-1-2
WHERE 子句

图 5-1-4　运行结果

图 5-1-5　运行结果

实例：查询志愿者信息表中所有性别为男并且积分大于 30 的志愿者的姓名、出生日期、身份和积分。其对应的 SQL 语句如下，运行结果如图 5-1-6 所示。

```
SELECT name,birthday,identity,countScore  FROM volunteer_personal_information
   WHERE  sex='男'  AND  countScore>30;
```

实例：查询志愿者信息表中积分在 24～26 的志愿者的姓名和积分。其对应的 SQL 语句如下，运行结果如图 5-1-7 所示。

```sql
SELECT name,countScore FROM volunteer_personal_information
   WHERE countScore BETWEEN 24 AND 26;
```

图 5-1-6　运行结果　　　　　　　　　图 5-1-7　运行结果

实例：查询志愿者信息表中所有姓张的志愿者的姓名、性别和电话号码。其对应的 SQL 语句如下，运行结果如图 5-1-8 所示。

```sql
SELECT name,sex,telephoneNumber  FROM volunteer_personal_information
   WHERE name LIKE '张%';
```

实例：查询志愿者信息表中所有身份证号码的倒数第 2 位为 6 的志愿者的姓名、出生日期和身份证号码。其对应的 SQL 语句如下，运行结果如图 5-1-9 所示。

```sql
SELECT name,birthday,IDnumber  FROM volunteer_personal_information
   WHERE IDnumber LIKE '%6_';
```

图 5-1-8　运行结果　　　　　　　　　图 5-1-9　运行结果

实例：查询志愿者信息表中民族为壮族和苗族的志愿者的姓名、性别和民族。其对应的 SQL 语句如下，运行结果如图 5-1-10 所示。

```sql
SELECT name,sex,nationality  FROM volunteer_personal_information
   WHERE nationality IN ('壮','苗');
```

（7）使用 ORDER BY 子句对结果进行排序。

实例：查询所有姓张的志愿者的编号、姓名和积分，并按积分的降序排列。其对应的 SQL 语句如下，运行结果如图 5-1-11 所示。

```sql
SELECT volunteerNumber,name,countScore FROM volunteer_personal_information
   WHERE name LIKE '张%'  ORDER BY countScore DESC;
```

二维码 5-1-3
ORDER BY 子句

实例：在志愿者信息表中查询性别为女的志愿者的姓名和出生日期，并按出生日期的升序排列。其对应的 SQL 语句如下，对应的运行结果如图 5-1-12 所示。

```sql
SELECT name,birthday  FROM volunteer_personal_information
   WHERE sex='女'  ORDER BY birthday ASC;
```

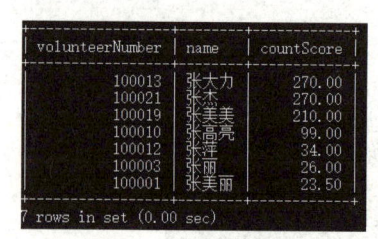

图 5-1-10 运行结果　　　图 5-1-11 运行结果　　　图 5-1-12 运行结果

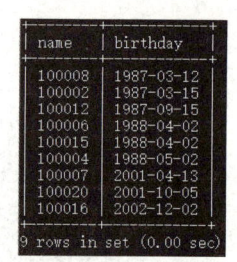

（8）分组查询。

实例：按性别对志愿者分组，并显示所有的性别。其对应的 SQL 语句如下，运行结果如图 5-1-13 所示。

```
SELECT sex FROM volunteer_personal_information GROUP BY sex;
```

二维码 5-1-4
GROUP BY 子句
与 HAVING 子句

实例：统计男、女志愿者的人数。其对应的 SQL 语句如下，运行结果如图 5-1-14 所示。

```
SELECT sex,COUNT(*) FROM volunteer_personal_information GROUP BY sex;
```

图 5-1-13 运行结果　　　图 5-1-14 运行结果

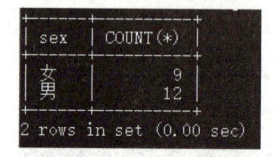

实例：统计志愿者信息表中政治面貌为中共党员、团员、群众的志愿者的个数。其对应的 SQL 语句如下，运行结果如图 5-1-15 所示。

```
SELECT politicCountenance,COUNT(*) FROM volunteer_personal_information
    GROUP BY politicCountenance;
```

（9）使用 HAVING 过滤分组。

实例：统计政治面貌为中共党员、团员及群众的志愿者的个数，显示个数大于 2 的分组。其对应的 SQL 语句如下，运行结果如图 5-1-16 所示。

```
SELECT politicCountenance,COUNT(*) FROM volunteer_personal_information
    GROUP BY politicCountenance HAVING COUNT(politicCountenance)>2
```

图 5-1-15 运行结果　　　图 5-1-16 运行结果

（10）使用 LIMIT 限定返回结果的行数。

实例：查找从第 10 位志愿者开始的 5 位志愿者的姓名、性别、身份证号码和出生日期。其对应的 SQL 语句如下，运行结果如图 5-1-17 所示。

```
SELECT name,sex,IDnumber,birthday FROM volunteer_personal_information
LIMIT 9,5;
```

二维码 5-1-5
LIMIT 子句

实例：查找积分最高的前 5 位志愿者的编号、姓名和积分。其对应的 SQL 语句如下，运行结果如图 5-1-18 所示。

```
SELECT volunteerNumber,name,countScore FROM volunteer_personal_information
  ORDER BY countScore DESC LIMIT 5;
```

图 5-1-17 运行结果　　　　　　图 5-1-18 运行结果

四、创新训练

1. 观察与发现

观察命令运行出现的问题，仔细、耐心地分析出现问题的原因，积极寻求解决方法，提高自己分析问题、解决问题的能力。

2. 探索与尝试

请尝试一下在查询时字段名是否区分大小写？能否只查询奇数列和偶数列？

3. 职业素养的养成

案例：SQL 注入漏洞，就是通过把 SQL 命令插入 URL 地址、Web 表单提交或页面请求的查询字符串中，最终达到欺骗服务器，执行恶意的 SQL 命令的目的。漏洞的成因是程序没有对用户输入的内容进行安全检查，导致直接代入数据库进行查询时，SQL 注入漏洞的发生。例如，在一个登录界面中要求输入用户名和密码，登录时使用如下 SQL 语句：

```
String sql = "SELECT* FROM user_table WHERE username= ' "+username+" ' AND password=' "+password+" '";
```

如果用户名输入了 'OR 1 = 1 --，密码不输入，那么上面的 SQL 语句变成：

```
SELECT* FROM user_table WHERE username= '' OR 1 = 1 -- AND password=''
```

条件后面的 username= '' OR 1=1 这个条件一定会成功，--表示注释。

思考：在进行登录的时候不能只完成任务了事，还要进行规范化验证并检测输入参数，否则会引起 SQL 注入漏洞，对系统的安全造成极大的隐患。

五、知识梳理

1. 基本 SELECT 语句

语法格式：

```
SELECT [DISTINCT] *|{列名1,列名2,列名3...} FROM <数据表名>;
```

其功能是从数据表中查询所有列或者指定列的数据。

其中，DISTINCT 表示去掉查询结果中重复的行；列名1,列名2,列名3...表示指定要查询的列名；* 表示查询结果中包含所有的列；FROM 子句用来指定从哪个表中查询数据。

2. 在查询时给列起别名

语法格式：

```
SELECT 字段1 [AS] 别名1,字段2 [AS] 别名2 ...
```

AS 子句用来给字段起一个别名，AS 关键字可以省略，其中别名1、别名2 是给字段1、字段2 起的别名。

3. WHERE 子句

语法格式：

```
SELECT 列名1,列名2,列名3...    FROM 数据表名  WHERE  条件表达式;
```

当查询结果需要满足一定的条件时，可以使用 WHERE 子句指定查询条件，从而找到满足条件的记录。在 WHERE 子句的条件表达式中经常要使用运算符，在 WHERE 子句的条件表达式中可以使用的运算符如表 5-1-1 所示。

表 5-1-1　WHERE 子句的条件表达式中可以使用的运算符

运算符的分类	运算符	运算符的说明及举例
比较运算符	>、<、<=、>=、=、!=	大于、小于、小于或等于、大于或等于、等于、不等于
	BETWEEN m AND n	取值介于 m 和 n 之间，包含 m 和 n 例如，age BETWEEN 30 AND 50　年龄介于 30 和 50 之间，包含 30 和 50
	IN(SET) NOT(SET)	值包含在 SET 列表中，例如，age IN(100,200)年龄包含在（100,200）中，不包含在 SET 列表中
	LIKE NOT LIKE '张%'	进行模糊查询，例如，name LIKE '张%'　表示查询以张开头的名字 进行模糊查询，例如，name NOT LIKE '张%'　表示查询不是以张开头的名字 在用 LIKE 进行模糊查询时可以用通配符%和_，%表示任意字符串，_表示任意的单个字符，例如，'张??'表示以张开头的长度为三个字符的任意字符串，它包含张三凤、张未见，但不包含张三 '张*'表示以张开头的任意字符串，它包含张三、张云峰、张疑云见开、张大明等
	IS NULL	判断是否为空
逻辑运算符	AND	多个条件同时满足 例如，age>10 AND age<20　表示年龄大于 10 并且小于 20
	OR	多个条件只需满足一个 例如，age>60 OR age<10　表示年龄大于 60 或小于 10
	NOT	不成立，例如，WHERE NOT(countScore>5)

4. ORDER BY 子句

语法格式：

```
SELECT 列名1,列名2,列名3... FROM <数据表名>
           ORDER BY 字段名   ASC| DESC ...
```

ORDER BY 子句用来对查询的结果按某个字段或某几个字段进行排序，被排序的可以是表中的字段名，也可以是字段的别名。ASC 是默认值，表示查询结果按升序排序，DESC 表示查询结果按降序排序。

5. GROUP BY 子句

语法格式：

```
SELECT 列名1,列名2,列名3... FROM <数据表名> GROUP BY 字段名；
```

使用 GROUP BY 子句可以对查询结果按某个字段或多个字段进行分组，GROUP BY 通常要和聚合函数一起使用，例如，COUNT(*)、SUM、AVEGER 函数等，聚合函数将在后面的任务中讲解。

6. HAVING 子句

语法格式：

```
SELECT 列名1,列名2,列名3... FROM <数据表名>
  GROUP BY 字段名   HAVING ...
```

HAVING 子句的作用是对分组之后的数据进行过滤，所以在使用 HAVING 时必须用 GROUP BY 先分组。

7. LIMIT 子句

语法格式：

```
SELECT 列名1,列名2,列名3... FROM <数据表名> LIMIT [m],n
```

LIMIT 子句表示从第 m+1 行开始取 n 行记录，如果省略 m，表示从第 1 行开始取 n 行记录。在各种系统中 LIMIT 子句可以用来实现分页，n 一般用来表示每页所包含的记录的个数。在进行分页查询时，m=(查询的页码-1)×n，如果查询的是第 1 页的数据，m=0 或省略 m。

实例：查询志愿者信息表中所有志愿者的编号、姓名、性别和身份信息，每页显示 4 条记录，请写出显示第 3 页和第 4 页的记录的 SQL 语句。

显示第 3 页的记录对应的 SQL 语句和运行结果如图 5-1-19 所示。

```
SELECT volunteerNumber,name,sex,identity FROM volunteer_personal_information
    LIMIT 4,4;
```

显示第 4 页的记录对应的 SQL 语句和运行结果如图 5-1-20 所示。

```
SELECT volunteerNumber,name,sex,identity FROM volunteer_personal_information
LIMIT 12,4;
```

图 5-1-19　运行结果

图 5-1-20　运行结果

六、任务总结

1. 数据的查询

本任务讲述了使用 SELECT 语句进行单表查询的基本用法，即查询将筛选表中的记录，最后符合条件的记录重新组合成记录集，记录集的结构类似于表。

其中，FROM 子句用来指定从哪个表查询数据；WHERE 子句用来指定查询的条件，在 WHERE 子句中可以使用 BETWEEN、IN 等运算符进行精确查询，还可以使用 LIKE 子句进行模糊查询；ORDER BY 子句用来对查询结果按某个或某几个字段进行升序或降序排列；GROUP BY 子句用来对查询结果进行分组，通常和聚合函数一起使用；HAVING 子句用来对分组结果进行筛选；LIMIT 子句用来限定返回的结果，在实际应用中往往用来实现分页。在所有的子句中如果只用 SELECT 和 FROM 是不能省略的。

2. 拓学关键字

分页、结果集、全表查询。

七、思考讨论

SQL 语句的执行顺序是怎样的？

八、自我检查

（1）SELECT 语句的完整语法较复杂，但至少包含的部分是（　　）。

　　A. 仅 SELECT　　　　　　　　　　B. SELECT、FROM

　　C. SELECT、GROUP　　　　　　　D. SELECT、INTO

（2）SQL 语句中的条件用（　　）来表达。

　　A. THEN　　　　B. WHILE　　　　C. WHERE　　　　D. IF

（3）查找姓名不是 NULL 的记录的语句是（　　）。

　　A. WHERE name ! NULL　　　　　B. WHERE name NOT NULL

　　C. WHERE name IS NOT NULL　　D. WHERE name!=NULL

（4）以下语句中正确的是（　　）。

　　A. SELECT sal+1 FROM emp;　　　B. SELECT sal*10,sal*deptno FROM emp;

C. 不能使用运算符号　　　　　　　　D. SELECT sal*10,deptno*10 FROM emp;

（5）以下（　　）用来分组。

A. ORDER BY　　　　　　　　　　　B. ORDERED BY

C. GROUP BY　　　　　　　　　　　D. GROUPED BY

（6）下列选项中按姓名降序排列的是（　　）。

A. ORDER BY DESC name　　　　　　B. ORDER BY name DESC

C. ORDER BY name ASC　　　　　　　D. ORDER BY ASC name

（7）在 SELECT 语句中使用关键字（　　）可以把重复行屏蔽。

A. TOP　　　　　　　　　　　　　　B. ALL

C. UNION　　　　　　　　　　　　　D. DISTINCT

（8）以下表达降序排序的是（　　）。

A. ASC　　　　　　　　　　　　　　B. ESC

C. DESC　　　　　　　　　　　　　D. DSC

（9）从 GROUP BY 分组的结果集中再次用条件表达式进行筛选的子句是（　　）。

A. FROM　　　　　　　　　　　　　B. ORDER BY

C. HAVING　　　　　　　　　　　　D. WHERE

（10）条件"IN(20,30,40)"表示（　　）。

A. 年龄在 20 到 40 之间　　　　　　　B. 年龄在 20 到 30 之间

C. 年龄是 20 或 30 或 40　　　　　　　D. 年龄在 30 到 40 之间

（11）使用 SELECT 语句随机地从表中挑出指定数量的行，可以使用的方法是（　　）。

A. 在 LIMIT 子句中使用 RAND()函数指定行数并用 ORDER BY 子句定义一个排序规则

B. 只要使用 LIMIT 子句定义指定的行数即可，不使用 ORDER BY 子句

C. 只要在 ORDER BY 子句中使用 RAND()函数，不使用 LIMIT 子句

D. 在 ORDER BY 子句中使用 RAND()函数，并用 LIMIT 子句定义行数

（12）在 SELECT 语句中，可以使用（　　）子句将结果集中的数据行根据选择列的值进行逻辑分组，以便能汇总表内容的子集，即实现对每个组的聚集计算。

A. LIMIT　　　　　　　　　　　　　B. GROUP BY

C. WHERE　　　　　　　　　　　　D. ORDER BY

（13）对于 SELECT* FROM city LIMIT 5,10，下列描述正确的是（　　）。

A. 获取第 6 条到第 10 条记录　　　　B. 获取第 5 条到第 10 条记录

C. 获取第 6 条到第 15 条记录　　　　D. 获取第 5 条到第 15 条记录

（14）在 SELECT 语句中用于实现关系的选择运算的短语是（　　）。

A. FOR　　　　　　　　　　　　　　B. WHILE

C. WHERE　　　　　　　　　　　　D. CONDITION

（15）在 tb_book 表中查询 books 字段中包含"PHP"字符的记录,查询语句是（   ）。

    A. SELECT * FROM tb_book WHERE books LIKE '%PHP%';

    B. SELECT books FROM tb_book WHERE LIKE '%PHP%';

    C. SELECT * FROM books WHERE '%PHP%';

    D. SELECT books FROM tb_book WHERE '%PHP%';

（16）查找姓名为 NULL 的记录的语句是（   ）。

    A. WHERE name NULL   B. WHERE name IS NULL

    C. WHERE name=NULL   D. WHERE name==NULL

（17）下列选项中按班级进行分组的是（   ）。

    A. ORDER BY class ES   B. DORDER class ES

    C. GROUP BY class ES   D. GROUP class ES

（18）以下语句中不正确的是（   ）。

    A. SELECT * FROM emp;

    B. SELECT ename,hiredate,sal FROM emp;

    C. SELECT * FROM emp ORDER deptno;

    D. SELECT * FROM emp WHERE deptno=1 AND sal<300;

（19）在 SQL 语言中子查询是（   ）。

    A. 选取单表中字段子集的查询语句   B. 选取多表中字段子集的查询语句

    C. 返回单表中数据子集的查询语言   D. 嵌入另一个查询语句之中的查询语句

（20）以下选项中用来排序的是（   ）。

    A. ORDERED BY   B. ORDER BY

    C. GROUP BY   D. GROUPED BY

（21）在 SELECT 语句中实现选择操作的子句是（   ）。

    A. SELECT   B. GROUP BY

    C. WHERE   D. FROM

（22）条件"BETWEEN 20 AND 30"表示年龄在 20 到 30 之间,且（   ）。

    A. 包括 20 岁,不包括 30 岁   B. 不包括 20 岁,包括 30 岁

    C. 不包括 20 岁和 30 岁   D. 包括 20 岁和 30 岁

（23）下列说法中错误的是（   ）。

    A. GROUP BY 子句用来对 WHERE 子句的输出进行分组

    B. WHERE 子句用来筛选 FROM 子句中指定操作所产生的行

    C. 聚合函数需要和 GROUP BY 一起使用

    D. HAVING 子句用来从 FROM 的结果中筛选行

（24）有关系 S（S#,Sname,SAGE）、C（C#,Cname）和 SC（S#,C#,GRADE）,

其中 S# 是学生号，Sname 是学生姓名，SAGE 是学生年龄，C# 是课程号，Cname 是课程名称。查询选修 Access 课的年龄不小于 20 的全体学生的姓名的 SQL 语句是 SELECT Sname FROM S,C,SC WHERE 子句。这里的 WHERE 子句的内容是（　　）。

  A. SAGE>=20 AND Cname='Access'

  B. S.S# = SC.S# AND C.C# = SC.C# AND SAGE IN>=20 AND Cname IN'Access'

  C. SAGE IN>=20 AND Cname IN'Access'

  D. S.S# = SC.S# AND C.C# = SC.C# AND SAGE>=20 AND Cname='Access'

（25）查询 tb_001 数据表中 id=1 的记录的语法格式是（　　）。

  A. SELECT * INTO tb_001 WHERE id=1;

  B. SELECT * WHERE tb_001 WHERE id=1;

  C. SELECT * DELETE tb_001 WHERE id=1;

  D. SELECT * FROM tb_001 WHERE id=1;

（26）查询 tb_001 数据表中的所有数据并按降序排列，其语法格式是（　　）。

  A. SELECT * FROM tb_001 GROUP BY id DESC;

  B. SELECT * FROM tb_001 ORDER BY id ASC;

  C. SELECT * FROM tb_001 ORDER BY id DESC;

  D. SELECT * FROM tb_001 id ORDER BY DESC;

（27）查询 tb_book 表中 books 字段和 row 字段的记录的语句是（　　）。

  A. SELECT books, row FROM tb_book;

  B. SELECT * FROM tb_book;

  C. SELECT tb_book FROM books, row;

  D. SELECT * FROM tb_book books, row;

（28）查询 tb_book 表中的前两条记录，并按 id（序号）进行升序排列，其查询语句是（　　）。

  A. SELECT * FROM tb_book ORDER BY id DESC LIMIT 2;

  B. SELECT * FROM tb_book ORDER BY id ASC LIMIT 2;

  C. SELECT id FROM tb_book ORDER BY id DESC 2;

  D. SELECT id FROM tb_book ORDER BY id ASC 2;

（29）查找 LIKE '_a%'，下面（　　）是可能的。

  A. afgh   B. bak   C. hha   D. ddajk

（30）在 SELECT 语句中，（　　）子句用于指定查询结果中的字段列表。

  A. FROM   B. SELECT   C. WHERE   D. HAVING

九、挑战提升

任务工单

课程名称 ＿＿＿＿＿＿＿＿　　　　　　　　　　　　任务编号　＿＿5-1＿＿
班级/团队 ＿＿＿＿＿＿＿＿　　　　　　　　　　　　学　　期　＿＿＿＿＿＿

任务名称	志愿服务数据库的数据分析	学时	
任务技能目标	（1）掌握 SELECT 语句的基本用法； （2）掌握 WHERE 子句的用法； （3）掌握如何设置字段的别名； （4）掌握 ORDER BY 子句、GROUP BY 子句、HAVING 子句和 LIMIT 子句的用法。		
任务描述	使用 SELECT 语句查询志愿者信息表中符合用户要求的数据。 具体要求： （1）查询志愿者信息表中所有字段或部分字段的信息； （2）根据指定的条件查询满足条件的志愿者的所有字段或部分字段信息； （3）在查询时给字段设置别名； （4）对查询结果进行排序； （5）对查询结果进行分组统计和分组； （6）对查询结果进行条件过滤； （7）限定查询结果中返回记录的个数。		
任务步骤			
任务总结			
评分标准	（1）内容完成度（60 分）； （2）文档规范性（30 分）； （3）拓展与创新（10 分）。	得分	

任务 5-2　志愿者信息的统计

知识目标

- 了解聚合函数的分类
- 掌握聚合函数的基本功能

技能目标

- 掌握 MAX 函数和 MIN 函数的用法
- 掌握 COUNT 函数的基本用法
- 掌握 SUM 函数的用法
- 掌握 AVG 函数的用法

素质目标

❏ 培养学生刻苦耐劳、敢于担当、勇于创新的精神
❏ 弘扬学生淡泊名利、潜心钻研的精神
❏ 树立学生高效工作的意识

重点

❏ 各种聚合函数的用法

难点

❏ 使用聚合函数的注意事项

一、任务描述

对志愿者信息表中的志愿者信息进行统计汇总。

二、思路整理

1. 思路分析

在志愿者信息系统中对志愿者的信息进行统计汇总，汇总内容主要包括统计志愿者的个数、求志愿者积分的最大值和最小值、求志愿者积分的平均分及总积分。在 MySQL 中对于以上的统计操作需要使用聚合函数来完成。统计志愿者的个数使用 COUNT 函数，求志愿者积分的最大值和最小值使用 MAX 函数和 MIN 函数，求志愿者积分的平均分以及和使用 AVG 函数和 SUM 函数。

2. 指令需求

（1）MAX 函数和 MIN 函数；
（2）COUNT 函数；
（3）AVG 函数；
（4）SUM 函数。

3. 相关问题

聚合函数用于对多条记录的同一个字段进行计算（即所谓的垂直计算），如果要对一条记录的多个字段进行求和或求平均值等计算，应该如何操作（即水平计算）？

三、代码实现

下面分析任务（具体做什么），对所用知识点进行梳理（需要用到什么知识），在学中做，做中学（使用什么学习方法），开始代码的编写。

（1）选择数据库。

```
USE volunteermanagementsystem;
```

（2）查看数据库 volunteermanagementsystem 中有哪些表

```
SHOW TABLES;
```

（3）统计志愿者的人数。

实例：求志愿者信息表中志愿者的总人数。其对应的 SQL 语句如下，运行结果如图 5-2-1 所示。

```
SELECT COUNT(*)  AS  '志愿者总人数'  FROM volunteer_personal_information;
```

实例：统计志愿者信息表中教师志愿者的总人数。其对应的 SQL 语句如下，运行结果如图 5-2-2 所示。

```
SELECT COUNT(identity)  AS  '教师志愿者人数'
    FROM volunteer_personal_information  WHERE  identity='教师';
```

图 5-2-1　运行结果　　　　　　图 5-2-2　运行结果

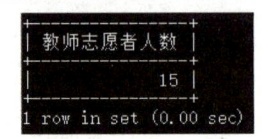

（4）显示志愿者信息表中所有志愿者的最高积分和最低积分。

实例：显示志愿者信息表中志愿者的积分的最高分和最低分。其对应的 SQL 语句如下，运行结果如图 5-2-3 所示。

```
SELECT  MAX(countScore) AS 最高分,MIN(countScore)  AS 最低分
    FROM volunteer_personal_information;
```

二维码 5-2-1
聚合函数的使用

（5）显示志愿者信息表中所有志愿者的积分的平均分和总分。

实例：显示所有志愿者的总积分和平均积分。其对应的 SQL 语句如下，运行结果如图 5-2-4 所示。

```
SELECT  AVG(countScore)  AS  '平均积分',SUM(countScore)  AS  '总积分'
    FROM  volunteer_personal_information;
```

图 5-2-3　运行结果　　　　　　图 5-2-4　运行结果

四、创新训练

1. 观察与发现

世上没有什么困难，只要认真观察并克服，就一定会获得成功。

在使用聚合函数查询列时，如果查询列中出现了不是聚合函数计算出的列或分组列，语法会报错吗？运行结果正确吗？

2. 探索与尝试

发挥自己的聪明才智，尝试聚合函数的各种特殊用法，比较不同点与相同点。

尝试 COUNT(列名)、COUNT(1)、COUNT(*)在运行时有什么区别？

3. 职业素养的养成

案例：中国工程院的院士王坚在阿里巴巴公司十年如一日地研究"阿里云"，当时阿里巴巴每年投资 10 亿，很多人都认为王坚院士是个骗子，但是王坚院士顶住压力，咬牙坚持，终于实现了我国数据库云平台从 0 到 1 的突破。

思考：如果一个人没有淡泊名利、潜心钻研的工匠精神和奉献精神，他能否在科学技术上为自己的民族和国家做出贡献？

五、知识梳理

二维码 5-2-2
聚合函数的详细介绍

在实际应用中，有时候不需要返回具体的数据，只需要对数据进行统计汇总，这时要用到聚合函数。MySQL 提供的聚合函数有 COUNT 函数、MAX 函数、MIN 函数、SUM 函数和 AVG 函数，下面对聚合函数进行详细介绍。

1. COUNT 函数

语法格式：

```
COUNT({[ALL|DISTINCT]列名}|*);
```

COUNT 函数用来返回查询结果中的行数。ALL 表示返回所有行，DISTINCT 表示去除重复值，默认值为 ALL。在使用 COUNT(*)时返回查询的总行数，包含字段值为 NULL 的行；在使用 COUNT(列名)时返回查询的行数，不包含列名为 NULL 的行。

2. MAX 函数

语法格式：

```
MAX([ALL|DISTINCT]列名);
```

MAX 函数用来求某列的最大值。其中，[ALL|DISTINCT]的含义和 COUNT 函数相同。

3. MIN 函数

语法格式：

```
MIN([ALL|DISTINCT]列名);
```

MIN 函数用来求某列的最小值。其中，[ALL|DISTINCT]的含义和 COUNT 函数相同。

4. SUM 函数

语法格式：

```
SUM([ALL|DISTINCT]列名);
```

SUM 函数用来求某列的和。其是[ALL|DISTINCT]的含义和 COUNT 函数相同。

5. AVG 函数

语法格式：

```
AVG([ALL|DISTINCT]列名);
```

AVG 函数用来求某列的平均值。其中，[ALL|DISTINCT]的含义和 COUNT 函数相同。

六、任务总结

1. 数据的统计汇总

在查询中经常需要进行数据的统计汇总，为了高效地完成统计汇总，MySQL 提供了聚合函数，通过聚合函数可以非常高效地完成数据的统计汇总。MySQL 提供的聚合函数有 MAX（求最大值）、MIN（求最小值）、COUNT（计数）、AVG（求平均值）和 SUM（求和）。聚合函数经常和 GROUP BY 一起使用。在使用聚合函数时需要注意以下几点。

（1）AVG 函数和 SUM 函数一般只用来处理数值型字段。
（2）COUNT 函数、MAX 函数和 MIN 函数可以处理任何类型的数据。
（3）在使用聚合函数进行数据处理时都会忽略字段为 NULL 的值。
（4）可以使用 DISTINCT 去除重复行。

二维码 5-2-3
使用聚合函数的
注意事项

2. 拓学关键字

重复行、执行速度、汇总统计。

七、思考讨论

COUNT(列名)、COUNT(1)、COUNT(*)的执行速度是怎样的？

八、自我检查

（1）以下聚合函数中用来求平均值的是（　　）。

  A. COUNT   B. MAX   C. AVG   D. SUM

（2）"SELECT COUNT(sal) FROM emp GROUP BY deptno;"是（　　），其中 sal 表示工资，deptno 表示部门。

  A. 求每个部门中的工资   B. 求每个部门中的工资的大小
  C. 求每个部门中的工资的综合 D. 求每个部门中的工资的个数

（3）以下聚合函数中用来求个数的是（　　）。

  A. AVG   B. SUM   C. MAX   D. COUNT

（4）数据库中有 A 表，其中包括学生、学科、成绩三个字段，数据库结构为：

学生	学科	成绩
张三	语文	80

张三	数学	100
李四	语文	70
李四	数学	80
李四	英语	80

下列语句中统计每个学科的最高分的是（　　）。

A. SELECT 学生,MAX(成绩) FROM A GROUP BY 学生;

B. SELECT 学生,MAX(成绩) FROM A GROUP BY 学科;

C. SELECT 学生,MAX(成绩) FROM A ORDER BY 学生;

D. SELECT 学生,MAX(成绩) FROM A GROUP BY 成绩;

（5）统计每个部门中人数的是（　　）。

A. SELECT SUM(id) FROM emp GROUP BY deptno;

B. SELECT SUM(id) FROM emp ORDER BY deptno;

C. SELECT COUNT(id) FROM emp ORDER BY deptno;

D. SELECT COUNT(id) FROM emp GROUP BY deptno;

（6）查询 tb_book 表中 row 字段的最大值的是（　　）。

A. SELECT MAX(row) FROM tb_book;

B. SELECT MIN(row) FROM tb_book;

C. SELECT row FROM MIN tb_book;

D. SELECT row FROM MAX tb_book;

（7）以下聚合函数中求数据总和的是（　　）。

A. MAX　　　　B. SUM　　　　C. COUNT　　　　D. AVG

（8）以下聚合函数中求最大值的是（　　）。

A. COUNT　　　B. MAX　　　　C. AVG　　　　D. SUM

（9）以下语句中错误的是（　　）。

A. SELECT MAX(sal),deptno,job FROM emp GROUP BY sal;

B. SELECT MAX(sal),deptno,job FROM emp GROUP BY deptno;

C. SELECT MAX(sal),deptno,job FROM emp;

D. SELECT MAX(sal),deptno,job FROM emp GROUP BY job;

（10）数据库中有 A 表，其中包括学生、学科、成绩三个字段，数据库结构为：

学生	学科	成绩
张三	语文	80
张三	数学	100
李四	语文	70
李四	数学	80
李四	英语	80

下列语句中统计最高分>80 的学科的是（　　　）。

A. SELECT MAX(成绩) FROM A GROUP BY 学科 HAVING MAX(成绩)>80;

B. SELECT 学科 FROM A GROUP BY 学科 HAVING 成绩>80;

C. SELECT 学科 FROM A GROUP BY 学科 HAVING MAX(成绩)>80;

D. SELECT 学科 FROM A GROUP BY 学科 WHERE MAX(成绩)>80;

（11）查询 tb.bok 表中的总记录数的是（　　　）。

A. SELECT COUNT(*) FROM tb_book;

B. SELECT COUNT FROM tb_book;

C. SELECT FROM COUNT tb_book;

D. SELECT * FROM COUNT tb_book;

（12）查询 tb_book 表中 row 字段的最大值的是（　　　）。

A. SELECT MAX(row) FROM tb_book;

B. SELECT MIN(row) FROM tb_book;

C. SELECT row FROM MIN tb_book;

D. SELECT row FROM MAX tb_book;

（13）现有订单表（orders），其中包含用户信息（userid）、产品信息（productid），以下（　　　）语句能够返回至少被订购过两回的 productid。

A. SELECT productid FROM orders WHERE COUNT (productid) > 1

B. SELECT productid FROM orders WHERE MAX (productid) > 1

C. SELECT productid FROM orders WHERE HAVING COUNT(productid) > 1 GROUP BY productid

D. SELECT productid FROM orders GROUP BY produtid HAVING COUNT(poducid)>1

（14）下面聚合函数中使用正确的是（　　　）。

A. SUM(*)　　　　B. MAX(*)　　　　C. COUNT(*)　　　　D. AVG(*)

九、挑战提升

任务工单

课程名称		任务编号	5-2
班级/团队		学　　期	

任务名称	志愿服务数据库中聚合函数的应用	学时	
任务技能目标	（1）掌握 COUNT 聚合函数的使用； （2）掌握 MAX 聚合函数和 MIN 聚合函数的使用； （3）掌握 AVG 聚合函数和 SUM 聚合函数的使用。		
任务描述	使用聚合函数对志愿者信息表中的数据进行统计。		
任务步骤			

续表

任务总结			
评分标准	（1）内容完成度（60分）； （2）文档规范性（30分）； （3）拓展与创新（10分）。	得分	

任务 5-3　志愿者信息的进阶查询

知识目标

- 掌握连接查询的作用
- 掌握连接查询的分类和特点
- 理解什么是子查询

技能目标

- 掌握交叉查询的用法
- 掌握内连接查询语句的用法
- 掌握左连接和右连接语句的用法
- 掌握子查询的用法

素质目标

- 培养学生应用知识的能力
- 培养学生的思维能力
- 从学生克服畏难情绪开始培养学生的自信心
- 培养学生的团队协作能力

重点

- 多表查询的分类
- 内连接、左连接与右连接
- 子查询

难点

- 内连接与交叉连接的查询原理
- 左连接与右连接的查询原理
- 子查询的用法

一、任务描述

（1）显示已被派单的志愿者的编号、姓名、接单号及派出时间。

（2）查询志愿者信息表中积分大于某个志愿者的积分的志愿者的某些字段的信息。

二、思路整理

1. 思路分析

（1）显示已被派单的志愿者的编号、姓名、接单号及派出时间。

志愿者的编号、姓名来自志愿者信息表（volunteer_personal_information），志愿者的接单号和派出时间来自 volunteer_assign 表，因此显示已被派单的志愿者的编号、姓名、接单号及派出时间需要对两张表进行查询，对两张表进行查询需要用到连接查询，要完成这个任务需要使用连接查询中的内连接查询。

（2）查询志愿者信息表中积分大于某个志愿者的积分的志愿者的某些字段的信息。

本次查询首先要查询某个志愿者的积分，然后把其他志愿者的积分与查询出来的这个志愿者的积分进行比较，查询出积分大于这个志愿者的所有记录。这种情况需要使用子查询中的比较子查询来完成，要在一个查询的 WHERE 子句中嵌套另一个查询语句。

2. 指令需求

（1）内连接。

```
SELECT 字段列表 FROM 表1 [INNER] JOIN 表2 ON 匹配条件
```

（2）比较运算符子查询。

```
SELECT 字段列表 FROM 表名 WHERE 字段名 比较运算符（子查询）
```

3. 相关问题

（1）在进行多表查询时两张表使用的字符集可否不同？

（2）在进行多表查询时查询语句中出现了同名字段怎么处理？

三、代码实现

1. 选择数据库

```
USE volunteermanagementsystem;
```

2. 查看数据库 volunteermanagementsystem 中有哪些表

```
SHOW TABLES;  #查看 volunteermanagementsystem 中有哪些表
```

二维码 5-3-1
内连接与比较子查询

3. 内连接

实例：查询已被派单的志愿者的编号、姓名、岗位编号和派出编号。

其对应的 SQL 语句如下，运行结果如图 5-3-1 所示。

```
SELECT volunteer_personal_information.volunteerNumber,name,postNumber,assignNumber
FROM volunteer_personal_information  JOIN  volunteer_assign
ON volunteer_personal_information.volunteerNumber=volunteer_assign.volunteerNumber
```

4. 比较子查询

实例：查询志愿者信息表中积分大于编号为 100006 的志愿者的积分的志愿者的编号、姓名和积分。其对应的 SQL 语句如下，运行结果如图 5-3-2 所示。

```
SELECT  volunteerNumber,name,countScore FROM volunteer_personal_information
WHERE  countScore>(SELECT countScore  FROM volunteer_personal_information
WHERE volunteerNumber='100006');
```

图 5-3-1　运行结果　　　　　　　　　　图 5-3-2　运行结果

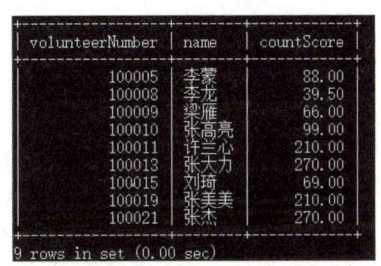

四、创新训练

1. 观察与发现

透彻的观察永远如擦亮的眼睛，希望读者可以看透问题，并拨开团团迷雾，寻找正确的谜底。

在内连接查询中，"FROM 左表"和"INNER JOIN 右表"这两个子句中的左表和右表颠倒一下对查询结果有影响吗？为什么？

2. 探索与尝试

（1）子查询和连接查询是否可以相互替代？

一般来说，表连接可以使用子查询替代，但反过来不一定。子查询比较灵活、方便、形式多样，常作为增/删/改/查的筛选条件，适合操纵一个表的数据；表连接更适合查看多表的数据，一般用于 SELECT 语句。

（2）在进行多表查询时如何才能避免查询结果中出现笛卡儿集？

避免出现笛卡儿积的关键在于连接查询时的条件设置，当进行两个表的查询时，至少需要设置一个查询条件，三个表的连接查询至少需要两个条件，依次类推，n 张表的查询至少需要 $n-1$ 个条件。

3. 职业素养的养成

在一个数据库中不可能把所有的信息建立在一张表中，因为无法实现。在计算机行业中，一个项目往往是由一个团队来完成的，因此要求团队的所有成员有团队合作精神，不能太斤斤计较,所以在学习过程中要注意对团队合作精神的培养,这是计算机行业从业者需要具备的基本素养。

五、知识梳理

1. 多表连接查询

多表连接查询需要对多张表同时进行查询,查询结果中的数据来自多张表,在查询时需要把多张表连接在一起进行查询。常用的多表连接查询分为交叉连接查询、内连接查询、外连接查询和自然连接查询。外连接查询又分为左外连接查询和右外连接查询。

2. 交叉连接查询

语法格式:

```
格式一:SELECT 字段列表  FROM 表1   JOIN  表2
格式二:SELECT 字段列表  FROM 表1,表2
```

说明:这两种语法的含义是从表1中取出每一行和表2的每一行进行组合然后返回,返回结果中的每一行包含两张表的所有列,返回结果的行数等于表1的行数和表2的行数的乘积,这种查询的返回结果是笛卡儿积,这种查询一般没有什么实际意义。

实例:查询所有志愿者的编号、姓名、接单号和派出时间。其对应的 SQL 语句如下:

```
SELECT volunteer_personal_information.volunteerNumber,name,postNumber,assignNumber
FROM  volunteer_personal_information JOIN volunteer_assign
#或
SELECT volunteer_personal_information.volunteerNumber,name,postNumber,assignNumber
FROM  volunteer_personal_information,volunteer_assign
```

运行结果如图 5-3-3 所示。

图 5-3-3　运行结果

3. 内连接查询

语法格式:

```
格式一(隐式内连接):SELECT  字段名 FROM 左表,  右表 WHERE 匹配条件
格式二(显式内连接):SELECT 字段列表  FROM 左表   JOIN 右表  ON 匹配条件
```

说明：这两种语法根据匹配条件返回左表和右表中所有匹配成功并且满足条件的记录，不返回匹配不成功的记录。与交叉连接查询相比，它不返回匹配不成功的记录，只返回在两个表中满足条件的记录，这是使用最多的查询方式。

4. 外连接查询

外连接查询分为左外连接查询和右外连接查询。

（1）左外连接查询的语法格式：

```
SELECT 字段列表 FROM 左表 LEFT [OUTER] JOIN 右表 ON 匹配条件
```

说明：根据匹配条件返回左表中的全部记录及右表中满足匹配条件的记录，对于右表中不满足匹配条件的记录不返回，对于左表中那些在右表中没有匹配记录的记录，返回结果中对应字段的值为 NULL。

实例：列出所有志愿者的编号、姓名及岗位编号，没有被派单的志愿者也要列出来。其对应的 SQL 语句如下，运行结果如图 5-3-4 所示。

```
SELECT  volunteer_personal_information.volunteerNumber,name,postNumber
FROM volunteer_personal_information LEFT JOIN volunteer_assign ON volunteer_personal_information.volunteerNumber=volunteer_assign.volunteerNumber
```

（2）右外连接查询的语法格式：

```
SELECT 字段列表 FROM 表1 RIGHT [OUTER] JOIN 表2 ON 匹配条件
```

说明：根据匹配条件返回右表中的全部记录及左表中满足匹配条件的记录，对于左表中不满足匹配条件的记录不返回，对于左表中那些在右表中没有匹配记录的记录，返回结果中对应字段的值为 NULL。其中表 1 就是左表，表 2 就是右表。

实例：查询所有岗位的岗位编号、岗位描述、派出编号和岗位地点，没有被派单的岗位也要显示这些信息。其对应的 SQL 语句如下，运行结果如图 5-3-5 所示。

```
SELECT  position_information.postNumber,postDescription,assignNumber,postPosition
FROM volunteer_assign RIGHT JOIN  position_information
ON volunteer_assign.postNumber=position_information.postNumber
```

图 5-3-4　运行结果　　　　　　　图 5-3-5　运行结果

5. 自然连接查询

自然连接查询是一种自动寻找连接条件的连接查询。自然连接（Natural JOIN）是一种特别的内连接，要求相连接的两张表的连接依据列一定是相同的字段（字段的属性相同、字段的名称相同）。自然连接分为自然内连接和自然外连接。在实际应用中自然连接用的非常少，大家可以不用掌握。

6. 子查询

在某些情况下，当进行一个查询时需要的条件或数据要用另一个查询语句的结果，这时就要用到子查询。子查询是指一个查询语句嵌套在另一个查询语句内部的查询，通常把嵌套的查询称为子查询，把包含一个嵌套查询的查询称为父查询。

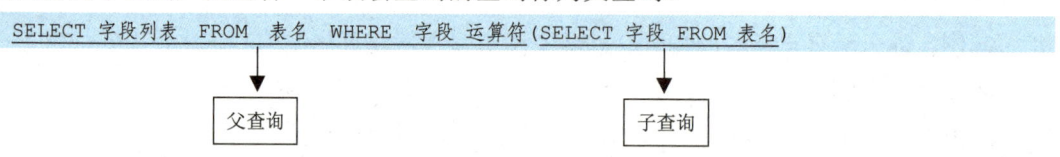

```
SELECT 字段列表 FROM 表名 WHERE 字段 运算符(SELECT 字段 FROM 表名)
                父查询                          子查询
```

通过子查询可以非常容易地实现多个结果集或多表数据的合并。子查询可以在 SELECT 语句中使用，也可以和 UPDATE、INSERT、DELETE 一起使用。根据使用的运算符不同把子查询分为以下几种。

（1）比较子查询。

语法格式：

```
SELECT 字段列表 FROM 表1 WHERE 字段1 比较运算符 (子查询)
```

MySQL 在执行上面的 SELECT 语句中的比较子查询时，先执行子查询部分，再执行父查询，在执行父查询时会把字段的值和子查询的结果进行比较，然后查询出满足比较运算符关系的所有记录。因为上面的子查询前面使用的是比较运算符，所以把它称为比较子查询，其可以使用的比较运算符及格式如下：

```
{= | < | > | >= | <= | <=> | < > | != }{[ ALL | SOME | ANY]}
```

其中，ALL、SOME 和 ANY 是可选项，用于指定对比较运算的限制；ALL 用于指定表达式需要与子查询结果集中的每个值都进行比较，当表达式与每个值都满足比较关系时返回 true，否则返回 false；SOME 和 ANY 是同义词，表示表达式只要与子查询结果集中的某个值满足比较关系，就返回 true，否则返回 false。

实例：查询志愿者信息表中比所有教师志愿者年龄都小的志愿者的编号、姓名和出生日期。其对应的 SQL 语句如下，运行结果如图 5-3-6 所示。

```
SELECT volunteerNumber,name,birthday FROM volunteer_personal_information
WHERE birthday>ALL(SELECT birthday FROM volunteer_personal_information
        WHERE identity='教师');
```

```
volunteerNumber | name   | birthday
100001          | 张美丽 | 1987-03-02
100002          | 刘浩浩 | 1987-03-15
100003          | 张丽   | 2000-03-02
100004          | 刘小   | 1988-05-02
100005          | 李蒙   | 1987-12-02
100006          | 刘琦   | 1988-04-02
100007          | 朱萍   | 2001-04-13
100008          | 李龙   | 1987-03-12
100009          | 梁雁   | 2001-01-02
100010          | 张高亮 | 1987-07-02
100011          | 许三心 | 2000-08-19
100012          | 张萍   | 1987-09-15
100013          | 张大力 | 2002-03-02
100014          | 何湘梅 | 1998-10-06
100015          | 刘琦   | 1988-04-02
100016          | 李话   | 2002-12-02
100018          | 李遥   | 1987-07-02
100019          | 张美美 | 1987-03-02
100020          | 陈云飞 | 2001-10-05
100021          | 张杰   | 2002-03-02
20 rows in set (0.00 sec)
```

图 5-3-6　运行结果

（2）IN 和 NOT IN 子查询。

语法格式：

SELECT 字段列表　FROM 表名　WHERE 字段　[NOT] IN(子查询)

若不使用关键字 NOT，查询字段值包含在子查询结果中的所有记录；若使用关键字 NOT，则查询字段值不包含在子查询结果中的所有记录。

二维码 5-3-3
IN 子查询和 EXISTS 子查询

实例：显示为比杰科技公司服务过的志愿者的编号及派出时间。其对应的 SQL 语句如下，对应的运行结果如图 5-3-7 所示。

SELECT volunteerNumber,assignTime FROM volunteer_assign WHERE postNumber IN (SELECT postNumber FROM position_information WHERE postPosition='比杰科技公司');

```
volunteerNumber | assignTime
100002          | 2022-03-16 12:52:10
100003          | 2022-03-16 12:52:10
100004          | 2022-03-16 12:52:10
100005          | 2022-03-16 12:52:10
100006          | 2022-03-16 12:52:10
100007          | 2022-03-16 12:52:10
100008          | 2022-03-16 12:52:10
100009          | 2022-03-16 12:52:10
100010          | 2022-03-16 12:52:10
9 rows in set (0.00 sec)
```

图 5-3-7　运行结果

（3）EXISTS 子查询。

语法格式：

SELECT 字段列表　FROM 表名 WHERE 字段名　EXISTS（子查询）

上述查询的含义是如果子查询的结果不为空，则执行父查询；如果子查询的结果为空，则不执行父查询。其中，所使用的子查询主要用于判断子查询的结果集是否为空，如果为空，EXISTS(子查询)返回 true，否则返回 false。

实例：查询岗位信息表中是否存在 postNumber 为 121317 的岗位，如果存在，查询 volunteer_assign 表中志愿者的编号、岗位编号、派出时间。其对应的 SQL 语句如下，运行结果如图 5-3-8 所示。

```
SELECT   volunteerNumber,postNumber,assignTime FROM volunteer_assign
WHERE   EXISTS (SELECT postDescription FROM  position_information
WHERE   postNumber=121317);
```

volunteerNumber	postNumber	assignTime
100001	121312	2022-03-16 12:52:10
100002	121313	2022-03-16 12:52:10
100003	121314	2022-03-16 12:52:10
100004	121321	2022-03-16 12:52:10
100005	121315	2022-03-16 12:52:10
100006	121316	2022-03-16 12:52:10
100007	121317	2022-03-16 12:52:10
100008	121318	2022-03-16 12:52:10
100009	121319	2022-03-16 12:52:10
100010	121320	2022-03-16 12:52:10

10 rows in set (0.00 sec)

图 5-3-8　运行结果

六、任务总结

1. 多表连接查询和子查询

（1）当需要从多张表中查询数据的时候需要用到多表连接查询。

（2）多表连接查询分为交叉连接查询、内连接查询、外连接查询和自然连接查询等。

（3）连接查询的结果是多表查询的笛卡儿积。

（4）内连接查询是在笛卡儿积查询的基础上通过设置连接条件的方式来删除查询结果中的某些数据行，这种查询的关键是设置好查询条件。

（5）外连接查询分为左外连接查询和右外连接查询。左外连接查询会返回左表中的所有行，右外连接查询会返回右表中的所有行。

（6）内连接和外连接不同，内连接仅选出两张表互相匹配的记录；外连接既包括两张表匹配的记录，又包括不匹配的记录。

（7）当一个查询的条件或数据为另一个查询语句的查询结果时需要用到子查询。子查询常用于 SELECT 语句，也可以用于 UPDATE、DELETE 等其他 SQL 语句中。

2. 拓学关键字

匹配条件、自然连接、常见表表达式（CTEs）。

七、思考讨论

左外连接、右外连接、内连接查询有什么区别？

八、自我检查

（1）下列（　　）不属于连接种类。

　　A. 左外连接　　　　B. 内连接　　　　C. 中间连接　　　　D. 交叉连接

（2）有3个表，它们的记录行数分别是10行、2行和6行，3个表进行交叉连接后结果中共有（　　）行数据。

　　A. 18　　　　　　B. 26　　　　　　C. 不确定　　　　　D. 120

（3）以下用于左连接的是（　　）。

　　A. JOIN　　　　　B. RIGHT JOIN　　C. LEFT JOIN　　　D. INNER JOIN

（4）假设A表中有4行数据，B表中有3行数据，如果执行语句

```
SELECT A INNER JOIN B ON A.C=b.C;
```

将返回3行数据；如果执行语句

```
SELECT A INNER JOIN B ON A.C <>B.C;
```

将返回（　　）行数据。

　　A. 0　　　　　　B. 3　　　　　　C. 9　　　　　　D. 12

（5）假设A表中有4行数据，B表中有3行数据，执行交叉连接查询，将返回（　　）行数据。

　　A. 1　　　　　　B. 3　　　　　　C. 4　　　　　　D. 12

（6）假设A表中有3条记录，B表中有5行记录，执行下列语句后返回结果中有（　　）条记录。

```
SELECT FROM  A LEFT JOIN B ON (A.C=B.C);
```

　　A. 3　　　　　　B. 5　　　　　　C. 2　　　　　　D. 15

（7）下列不能得到多个表数据的方法是（　　）。

　　A. 联合查询　　　B. 子查询　　　　C. 合并查询　　　D. 自然连接查询

（8）下列有关子查询和连接的说法错误的是（　　）。

　　A. 子查询一般可以代替连接

　　B. 连接可以代替所有的子查询，所以一般优先使用子查询

　　C. 如果需要显示多表数据，优先使用连接

　　D. 如果只是作为查询的条件部分，一般考虑使用子查询

（9）在"SELECT * FROM stuinfo WHERE stuNo（　　）(SELECT stuNo FROM stuMarks)"的括号中填（　　）比较合理。

　　A. =　　　　　　B. IN　　　　　　C. LIKE　　　　　D. >=

（10）（　　）子句可以和子查询一起使用，以检查行或列是否存在。

　　A. UNION　　　　B. EXISTS　　　　C. DISTINCT　　　D. COMPUTER BY

九、挑战提升

任务工单

课程名称	_____		任务编号	5-3
班级/团队	_____		学　　期	_____

任务名称	志愿服务数据库的数据类型分析	学时	
任务技能目标	（1）掌握内连接查询的用法； （2）掌握子查询的用法。		
任务描述	（1）显示已被派单的志愿者的姓名、接单号及派出时间； （2）查询志愿者信息表中积分大于某个志愿者的积分的志愿者的某些字段的信息。 具体要求： （1）使用交叉连接进行多表查询； （2）使用内连接查询志愿者的姓名、接单号及派出时间； （3）使用左/右连接进行多表查询； （4）使用比较子查询查询信息； （5）使用 IN 和 NOT IN 子查询查询信息； （6）使用 EXISTS 子查询查询信息。		
任务步骤			
任务总结			
评分标准	（1）内容完成度（60分）； （2）文档规范性（30分）； （3）拓展与创新（10分）。	得分	

任务 5-4　志愿者信息的查询优化

知识目标

- ☐ 了解索引的含义、作用
- ☐ 了解索引的种类
- ☐ 掌握索引的使用语法

技能目标

- ☐ 学会建立与使用索引
- ☐ 学会维护索引

素质目标

- ☐ 培养学生分析问题、解决问题的能力
- ☐ 帮助学生养成合作意识，提高综合技能
- ☐ 增强学生的辩证思维能力
- ☐ 学生能够衡量舍与得之间的利弊

重点
- 创建索引
- 合理地使用索引

难点
- 维护索引
- 熟练地使用索引

一、任务描述

在校园志愿服务网站中，随着志愿者队伍的壮大，志愿者信息表中的数据也呈阶梯式增长。此时，根据某个搜索条件去检索部分志愿者的个人信息，按照普通查找的机制，会逐行遍历表中的数据项，既耗时又麻烦，有没有一种方法可以快速定位到需要查找的记录所在的数据页，进而提高查询的效率呢？

二、思路整理

1. 思路分析

为了快速定位到查找记录所在的数据页，可以建立一个查找目录，类似于字典中的拼音目录，在创建这个目录前需做如下准备工作。

（1）下一个数据页中志愿者信息记录的主键值必须大于上一个数据页中志愿者信息记录的主键值。

（2）给所有的数据页建立一个目录项，如图 5-4-1 所示。

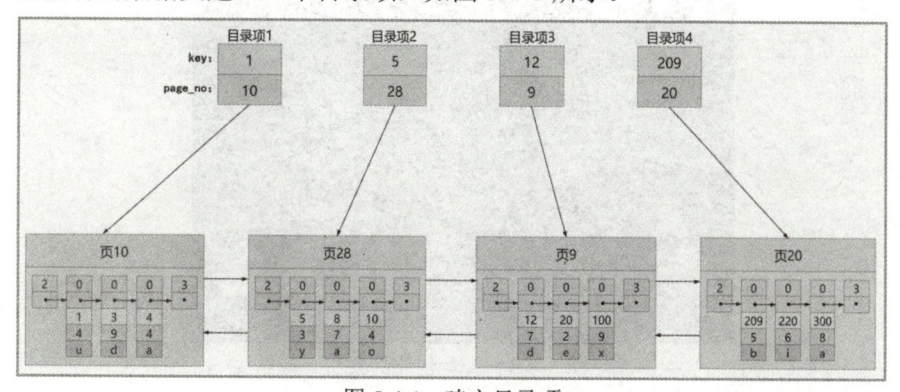

图 5-4-1　建立目录项

2. 指令需求

（1）在建表时创建索引。

```
CREATE TABLE table_name [col_name data_type]
[UNIQUE | FULLTEXT | SPATIAL][INDEX | KEY] [index_name] (col_name [length])[ASC | DESC]
```

（2）在已有表上添加索引。

```
CREATE [UNIQUE | FULLTEXT | SPATIAL] INDEX index_name ON table_name (col_name
[length] ,...)[ASC | DESC]
```

（3）删除索引。

```
DROP INDEX index_name ON table_name;
```

三、代码实现

（1）在已创建的志愿者信息表（vol_info）的 volunteerNumber 字段上创建唯一索引 ux_volnum，如图 5-4-2 所示。

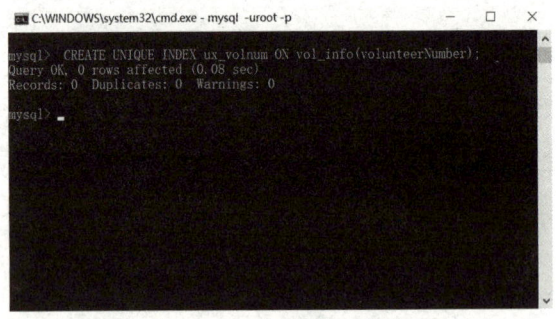

图 5-4-2　创建唯一索引

（2）查看志愿者信息表中创建的索引，如图 5-4-3 所示。

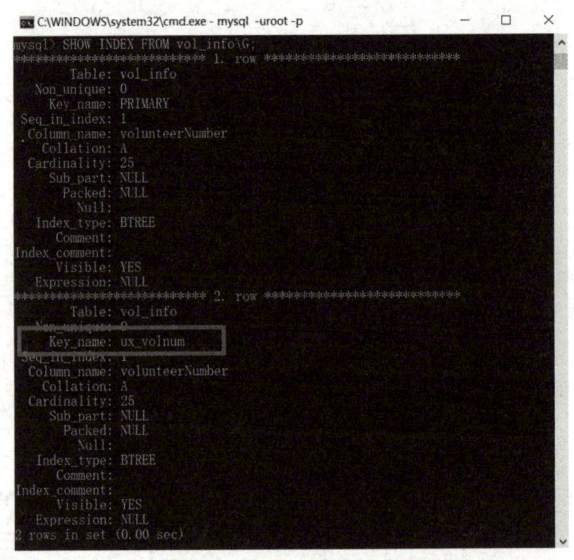

图 5-4-3　查看创建的索引

四、创新训练

1. 观察与发现

在数据量较大的表中按照需求创建好相应的索引后，当表中需要增加、更新、删除数据时，索引会影响插入数据的速度。在这种情况下，最好的办法就是先删除表中的索引，然后更新数据，完成后再重新创建索引。

2. 探索与尝试

在 MySQL 5.7 及之前的版本中，只能通过显式的方式删除索引，如果发现删除索引后出现错误，则只能通过显式创建索引的方式将删除的索引创建回来。如果数据表中的数据量非常大，或者数据表本身比较大，这种操作会消耗系统过多的资源，操作成本非常高。

从 MySQL 8.x 开始支持隐藏索引（Invisible Index），只需要将待删除的索引设置为隐藏索引，使查询优化器不再使用这个索引，即使使用强制索引（Force Index），优化器也不会使用该索引，确认将索引设置为隐藏索引后系统不受任何响应，就可以彻底删除索引。这种通过先将索引设置为隐藏索引，再删除索引的方式就是软删除。

```
ALTER TABLE tablename ALTER INDEX index_name INVISIBLE;   #切换成隐藏索引
ALTER TABLE tablename ALTER INDEX index_name VISIBLE;     #切换成非隐藏索引
```

3. 职业素养的养成

对于索引的使用是一把双刃剑，大家要用哲学辩证的观点去看待。在使用索引的时候要考虑到时间、空间上的代价，但是也不用太担心，只需思考代价是否值得即可。索引会占据一定的磁盘空间，在很多时候索引甚至比数据本身还要大，现如今存储空间相对计算时间来说要廉价得多，TB 级别的高速磁盘任由用户选择，在大多数情况下磁盘空间写满之前计算能力的瓶颈早已迫使数据库进行扩展，所以大家不用担心索引空间的增长，此时牺牲空间换取时间是值得的，而是否使用索引取决于网站的应用和管理人员的权衡。

五、知识梳理

1. 索引概述

MySQL 官方对索引的定义：索引（Index）是帮助 MySQL 高效获取数据的数据结构。

索引的本质：索引是数据结构，可以简单地理解为"排好序地快速查找数据结构"，满足特定的查找算法。这些数据结构以某种方式指向数据，可以在这些数据结构的基础上实现高级查找算法。

2. 为什么使用索引

对于图 5-4-4，假如要找 6，从 1 到 6 一行一行读取，很耗时。

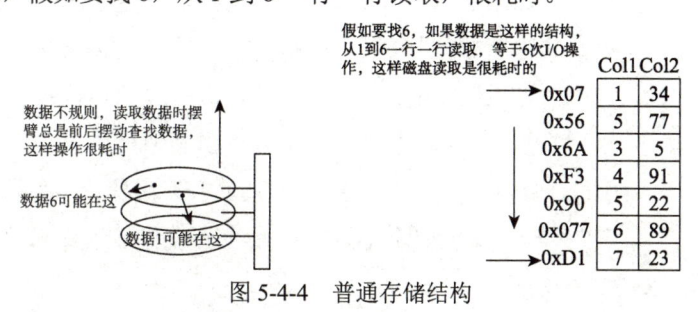

图 5-4-4 普通存储结构

如果使用二叉树数据结构存储数据，如图 5-4-5 所示，则能以更少的查询次数找到数据。

图 5-4-5　使用二叉树结构存储数据

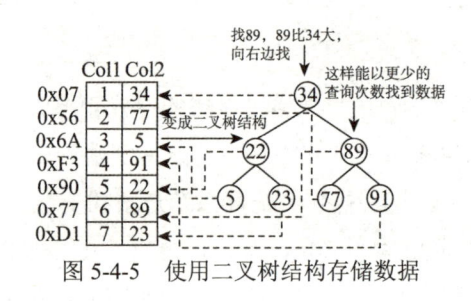

3. 索引的分类

MySQL 中的索引包括普通索引、唯一索引、全文索引、单列索引、多列索引和空间索引等。

（1）从功能逻辑上说，索引主要有 4 种，分别是普通索引、唯一索引、主键索引、全文索引。

① 普通索引：在创建普通索引时，不附加任何限制条件，只是用于提高查询效率。这类索引可以创建在任何数据类型中，其值是否唯一和非空，要由字段本身的完整性约束条件决定。在建立索引以后，可以通过索引进行查询。

② 唯一索引：使用 UNIQUE 参数可以设置索引为唯一索引，在创建唯一索引时，限制该索引的值必须是唯一的，但允许有空值。在一张数据表中可以有多个唯一索引。

③ 主键索引：主键索引是一种特殊的唯一索引，在唯一索引的基础上增加了不为空的约束。在一张表中最多只有一个主键索引。

④ 全文索引：利用分词技术等多种算法智能地分析出文本中关键词的频率和重要性，然后按照一定的算法规则智能地筛选出想要的搜索结果。使用参数 FULLTEXT 可以设置索引为全文索引。在定义索引的列上支持值的全文查找，允许在这些索引列中插入重复值和空值。全文索引只能创建在 char、varchar 或 text 类型及其系列类型的字段上，在查询数据量较大的字符串类型的字段时，使用全文索引可以提高查询速度。

（2）按照物理实现方式，索引可以分为聚簇索引和非聚簇索引两种。

① 聚簇索引：表数据是按照索引的顺序来存储的，也就是说索引项的顺序与表中记录的物理顺序一致。对于聚簇索引，叶子结点存储了真实的数据行，不再有另外单独的数据页。在一张表中最多只能创建一个聚簇索引，因为真实数据的物理顺序只能有一种。

② 非聚簇索引：表数据的存储顺序与索引顺序无关。对于非聚簇索引，叶子结点包含索引字段值及指向数据页中数据行的逻辑指针，其行数量与数据表的行数量一致。

（3）按照作用的字段个数进行划分，索引分成单列索引和多列索引（联合索引）。

① 单列索引：在表中的单个字段上创建索引。单列索引只根据该字段进行索引。单列索引可以是普通索引，也可以是唯一索引或全文索引。用户只要保证该索引只对应一个字段即可。在一个表中可以有多个单列索引。

② 多列索引（联合索引）：多列索引是在表的多个字段组合上创建一个索引。该索引指

向创建时对应的多个字段，用户可以通过这几个字段进行查询，但是只有在查询条件中使用了这些字段中的第一个字段时才会被使用。在使用多列索引时遵循最左前缀集合。

4. 索引的设计原则

（1）考虑设置索引的情况。

① 字段的数值有唯一的限制。

② 频繁作为 WHERE 查询条件的字段。

如果某个字段在 SELECT 语句的 WHERE 条件中经常被用到，那么就需要给这个字段创建索引，尤其是在数据量大的情况下，创建普通索引可以大幅度提升数据查询的效率。

③ 经常 GROUP BY 和 ORDER BY 的列。

索引就是让数据按照某种顺序进行存储或检索，因此当用户使用 GROUP BY 对数据进行分组查询，或者使用 ORDER BY 对数据进行排序的时候，就需要对分组或者排序的字段进行索引。如果待排序的列有多个，那么可以在这些列上建立组合索引。

④ UPDATE、DELETE 的 WHERE 条件列。

在对数据按照某条件进行查询后再进行 UPDATE 或 DELETE 操作，如果对 WHERE 字段创建了索引，就能大幅度提升效率。这是因为需要先根据 WHERE 条件列检索出该条记录，然后再对它进行更新或删除。如果在进行更新的时候更新的字段是非索引字段，那么提升的效率会更明显，这是因为非索引字段更新不需要对索引进行维护。

⑤ DISTINCT 字段需要创建索引。

有时候需要对某个字段进行去重，使用 DISTINCT，之后对这个字段创建索引，也会提升查询效率。

⑥ 多表连接操作。

（2）不考虑设置索引的情况。

① 检索中几乎不涉及的列。

② 重复值太多的列。

③ 数据类型为 text、blob 的列。

④ 数据量少的表最好不要创建索引。

⑤ 避免对经常更新的表创建过多的索引。

⑥ 删除不再使用或很少使用的索引。

5. 索引的使用

（1）在创建表时创建索引。

```
CREATE TABLE table_name [col_name data_type]
[UNIQUE|FULLTEXT|SPATIAL][INDEX|KEY] [index_name] (col_name [length])[ASC|DESC]
```

① UNIQUE、FULLTEXT 和 SPATIAL 为可选参数，分别表示唯一索引、全文索引和空间索引。

② INDEX 和 KEY 为同义词，两者的作用相同，用来指定创建索引。

③ index_name 指定索引的名称，为可选参数，如果不指定，那么 MySQL 默认 col_name 为索引名。

④ col_name 为需要创建索引的字段列，该列必须从数据表定义的多个列中选择。

⑤ length 为可选参数，表示索引的长度，只有字符串类型的字段才能指定索引长度。

⑥ ASC 或 DESC 指定升序或者降序的索引值存储。

（2）在已有表上创建索引。

在已经存在的表中创建索引可以使用 ALTER TABLE 语句或者 CREATE INDEX 语句。

① 使用 ALTER TABLE 语句创建索引。

使用 ALTER TABLE 语句创建索引的基本语法格式如下：

```
ALTER TABLE table_name ADD[UNIQUE|FULLTEXT|SPATIAL][INDEX| KEY][ index_name] (col_name
[length],...) [ASC|DESC]
```

② 使用 CREATE INDEX 语句创建索引。

使用 CREATE INDEX 语句可以在已经存在的表上添加索引，在 MySQL 中，CREATE INDEX 被映射到一个 ALTER TABLE 语句上，其基本语法格式如下。

```
CREATE[UNIQUE|FULLTEXT|SPATIAL]INDEX index_name ON table_name (col_name[length],... )
[ASC|DESC]
```

（3）删除索引。

① 使用 ALTER TABLE 语句删除索引。

使用 ALTER TABLE 语句删除索引的基本语法格式如下：

```
ALTER TABLE table_name DROP INDEX index_name;
```

② 使用 DROP INDEX 语句删除索引。

使用 DROP INDEX 语句删除索引的基本语法格式如下：

```
DROP INDEX index_name ON table_name;
```

6. 索引的优缺点

（1）索引的优点。

① 类似于大学图书馆创建书目索引，可以提高数据检索的效率，降低数据库的 I/O 成本，这也是创建索引最主要的原因。

② 通过创建唯一索引可以保证数据库的数据表中每一行数据的唯一性。

③ 在实现数据的参考完整性方面可以加速表和表之间的连接。换句话说，对有依赖关系的子表和父表进行联合查询可以提高查询速度。

④ 在使用分组和排序子句进行数据查询时可以显著减少查询中分组和排序的时间，降低了 CPU 的消耗。

（2）索引的缺点。

① 创建索引和维护索引要耗费时间，并且随着数据量的增加，所耗费的时间也会增加。

② 索引需要占磁盘空间，除了数据表占数据空间以外，每一个索引还要占一定的物理空

间，存储在磁盘上，如果有大量的索引，索引文件可能比数据文件更快达到最大文件尺寸。

③ 虽然索引能够大大提高查询速度，但是会降低更新表的速度。当对表中的数据进行增加、删除和修改的时候，索引也要动态地维护，这样就降低了更新表的速度。

因此，在选择使用索引时需要综合考虑索引的优点和缺点。

六、任务总结

1. 知识树

本任务的知识树如图 5-4-6 所示。

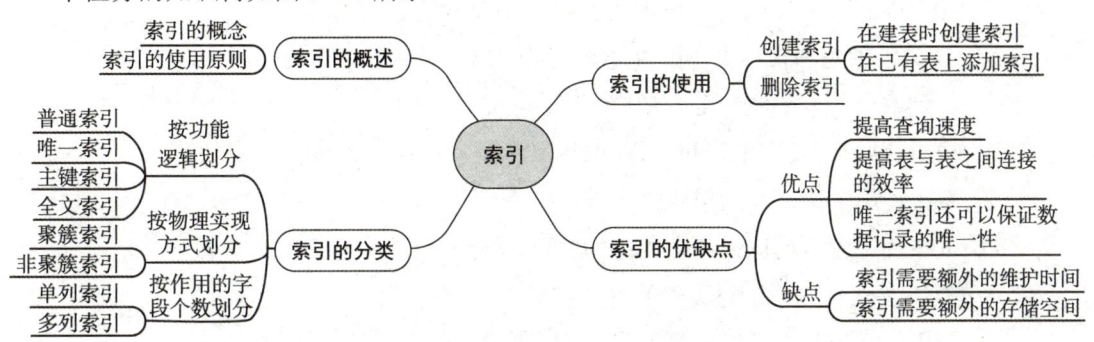

图 5-4-6　任务 5-4 的知识树

2. 拓学关键字

查询优化、全表扫描。

七、思考讨论

（1）索引是越多越好吗？为什么？

（2）主键索引和唯一索引有什么区别？

（3）索引是 B+树吗？

八、自我检查

1. 单选题

（1）MySQL 中唯一索引的关键字是（　　）。

　　A. FULLTEXT INDEX　　　　　　　B. ONLY INDEX

　　C. UNIQUE INDEX　　　　　　　　D. INDEX

（2）下面关于索引的描述中错误的是（　　）。

　　A. 索引可以提高数据查询的速度　　B. 索引可以降低数据的插入速度

　　C. InnoDB 存储引擎支持全文索引　　D. 删除索引的命令是 DROP INDEX

（3）以下不是 MySQL 索引类型的是（　　）。

A. 单列索引　　　B. 多列索引　　　C. 并行索引　　　D. 唯一索引

（4）SQL 语言中 DROP INDEX 语句的作用是（　　）。

A. 删除索引　　　B. 更新索引　　　C. 建立索引　　　D. 修改索引

（5）在 score 数据表中给 math 字段添加名称为 math _ score 的索引，下列语句中正确的是（　　）。

A. CREATE INDEX index _ name ON score (math);

B. CREATE INDEX score ON score (math _ score);

C. CREATE INDEX math _ score ON studentinfo (math);

D. CREATE INDEX math _ score ON score (math);

（6）下面关于创建和管理索引的描述正确的是（　　）。

A. 创建索引是为了便于全表扫描

B. 索引会加快 DELETE UPDATE INSERT 语句的执行速度

C. 索引被用于快速找到想要的记录

D. 大量使用索引可以提高数据库的整体性能

（7）下列有关索引的说法错误的是（　　）。

A. 索引的目的是为了增加数据操作的速度

B. 索引是数据库内部使用的对象

C. 索引建立得太多会降低数据增加、删除、修改的速度

D. 只能为一个字段建立索引

（8）为数据表创建索引的目的是（　　）。

A. 提高查询的检索性能　　　　　B. 归类

C. 创建唯一索引　　　　　　　　D. 创建主键

（9）使用 CREATE TABLE 语句的（　　）子句，在创建基本表时能够启用全文本搜索。

A. FULLTEXT　　　　　　　　B. ENGINE

C. FROM　　　　　　　　　　D. WHRER

（10）UNIQUE（唯一）索引的作用是（　　）。

A. 保证各行在该索引上的值都不能重复

B. 保证各行在该索引上的值不能为 NULL

C. 保证参加唯一索引的各列不能再参加其余的索引

D. 保证唯一索引不能被删除

2. 多选题

（1）下列关于索引的说法正确的是（　　）。

A. 索引创建的越多越好

B. 创建索引需谨慎

C. 索引是用来提高查询速度的技术，类似于一个目录

D. 无论表中有多少数据，创建索引就可以提高查询效率

（2）下面的（　　）能够更快的启用索引。

　　A. WHERE 条件　　　B. ORDER BY　　　C. JOIN　　　　　　D. 以上都不是

九、挑战提升

任务工单

课程名称	_____		任务编号	5-4
班级/团队	_____		学　　期	_____

任务名称	志愿服务数据库中索引的创建与使用	学时	
任务技能目标	掌握使用 SQL 语句建立各种索引及删除索引的方法。		
任务描述	（1）在岗位信息表中的岗位编号字段上建立主键索引； （2）在志愿者派出表中建立联合索引，其包含派出编号、志愿者编号、岗位编号等字段信息。		
任务步骤			
任务总结			
评分标准	（1）内容完成度（60 分）； （2）文档规范性（30 分）； （3）拓展与创新（10 分）。	得分	

项目六 志愿服务数据库的编程

任务 6-1 志愿服务数据库的基础编程

知识目标
- 了解常量与变量的概念
- 熟悉常用 MySQL 函数

技能目标
- 掌握变量的定义和使用
- 掌握常见系统函数的使用

素质目标
- 培养在编程过程中解决问题的能力和意识
- 培养理论联系实际的思维能力
- 提升自主学习和探索新知的能力

重点
- 系统函数的使用

难点
- 变量的使用

一、任务描述

校园志愿服务数据库也需要编程，本任务主要了解 MySQL 提供的用于编写结构化程序的常量、变量、函数等。

二、思路整理

1. 常量

在程序的运行过程中不能改变其值的数据称为常量。常量的格式取决于其数据类型，常用的常量包括字符串常量、数值常量、日期和时间常量、布尔值常量和 NULL 值。

2. 变量

变量用于存放临时数据，变量中的数据随程序的运行而改变，变量有名字和数据类型两个属性。

3. 函数

函数是一段用于完成特定功能的代码，使用函数可以提高用户对数据库中数据的管理和操作效率。MySQL 中提供了丰富的内置函数，包括字符串函数、数学函数、日期和时间函数等，方便用户对数据进行查询和修改，用户也可以创建自定义的函数。

三、代码实现

下面保持清醒的头脑、平静的心，整理思路开始代码的编写。

1. 常量的使用

（1）定义并查询一组常量的值，对应的 SQL 语句如下，运行结果如图 6-1-1 所示。

```
SELECT 100, 'jack', TRUE, FALSE, 'true', 'false', 88.66, 'h', "hello", "w";
```

```
MariaDB [(none)]> use volunteermanagementsystem
Database changed
MariaDB [volunteermanagementsystem]> SELECT 100, 'jack', TRUE, FALSE, 'true', 'false', 88.66, 'h', "hello", "w";
+-----+------+------+-------+------+-------+-------+---+-------+---+
| 100 | jack | TRUE | FALSE | true | false | 88.66 | h | hello | w |
+-----+------+------+-------+------+-------+-------+---+-------+---+
| 100 | jack |    1 |     0 | true | false | 88.66 | h | hello | w |
+-----+------+------+-------+------+-------+-------+---+-------+---+
1 row in set (0.002 sec)
```

图 6-1-1　定义常量

（2）定义并查询一组表达式的值，对应的 SQL 语句如下，运行结果如图 6-1-2 所示。

```
SELECT 3 > 5, 6>2, 100*5, 100%30, 20 + 6, 3 * 8,TRUE, FALSE, 'TRUE', 'false';
```

```
MariaDB [volunteermanagementsystem]> SELECT 3 > 5, 6>2, 100*5, 100%30, 20 + 6, 3 * 8,TRUE, FALSE, 'TRUE', 'false';
+-------+-----+-------+--------+--------+-------+------+-------+------+-------+
| 3 > 5 | 6>2 | 100*5 | 100%30 | 20 + 6 | 3 * 8 | TRUE | FALSE | TRUE | false |
+-------+-----+-------+--------+--------+-------+------+-------+------+-------+
|     0 |   1 |   500 |     10 |     26 |    24 |    1 |     0 | TRUE | false |
+-------+-----+-------+--------+--------+-------+------+-------+------+-------+
1 row in set (0.001 sec)
```

图 6-1-2　定义表达式

2. 变量的使用

（1）查看系统中所有与用户相关的全局变量，对应的 SQL 语句如下，运行结果如图 6-1-3 所示。

```
SHOW GLOBAL VARIABLES LIKE '%USER%';
```

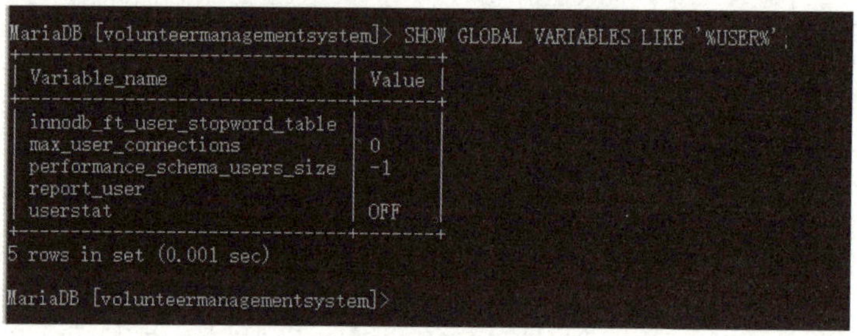

图 6-1-3　查询与用户相关的全局变量

（2）使用全局变量查看当前数据库服务器的版本号，对应的 SQL 语句如下，运行结果如图 6-1-4 所示。

SELECT @@version 服务器版本号;

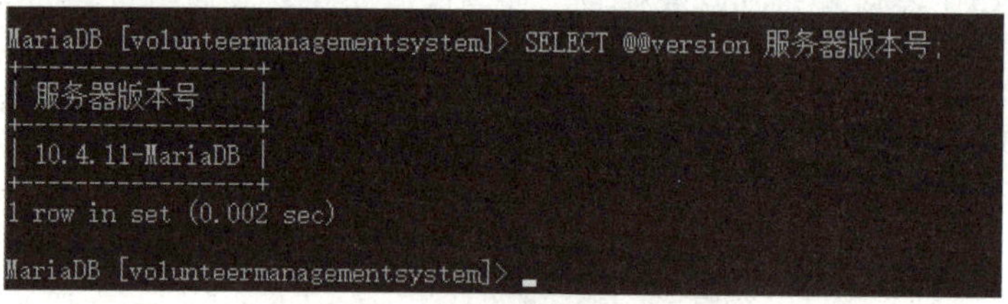

图 6-1-4　查询服务器的版本号

（3）查询所有志愿者的平均积分，对应的 SQL 语句如下，运行结果如图 6-1-5 所示。

SELECT AVG(countScore) FROM `volunteer_personal_information`;

图 6-1-5　查询平均积分

3. 函数的使用

（1）使用字符串函数返回管理员信息表中姓张的管理员的信息，对应的 SQL 语句如下，运行结果如图 6-1-6 所示。

SELECT * FROM `dbadmin` WHERE SUBSTRING(name,1,1)='张';

图 6-1-6　使用字符串函数

（2）使用数学函数生成一个 0～100 的随机整数，对应的 SQL 语句如下，运行结果如图 6-1-7 所示。

SELECT FLOOR(RAND() * 100) 随机整数;

图 6-1-7　使用随机函数

（3）使用日期和时间函数返回志愿者李蒙参加志愿者活动的年限，对应的 SQL 语句如下，运行结果如图 6-1-8 所示。

```
SELECT name 姓名,YEAR(CURDATE())-YEAR(registrationTime) 年限
FROM volunteer_personal_information WHERE name='李蒙';
```

图 6-1-8　使用时间和日期函数

二维码 6-1-1
函数的使用

（4）使用系统函数返回当前登录的系统信息，对应的 SQL 语句如下，运行结果如图 6-1-9 所示。

```
SELECT VERSION() 'MySQL版本号',USER()'当前登录用户',DATABASE() '当前访问数据库';
```

图 6-1-9　使用系统函数

四、创新训练

1. 观察与发现

一个人做事情也许暂时看不到成果，但不要灰心或焦虑，因为你不是没有成长，而是在扎根。

大家在程序中看到的变量，有的变量名称前加两个@符号，有的变量值前加一个@符号，有的变量名称前没有@符号，这是为什么？它们之间有什么区别？

2. 探索与尝试

再长的路，一步一步也能走完；再短的路，不迈开双脚也无法到达。

用户可以通过编程改变常量的值吗？为什么？

3. 职业素养的养成

作为程序员，应该具备以下基本素质。

（1）勤快：多动手，少动嘴。

（2）把握重点：不要被杂事影响，把主要精力放在关键工作上。

（3）多动脑：任何一个问题至少要想三个方案，如果只有一个方案，说明自己没动脑。

五、知识梳理

1. 变量

在 MySQL 系统中存在三种变量,一种是系统定义和维护的系统变量,通常在名称前加@@符号;一种是用户定义的用来存放中间结果的会话变量,通常在名称前加@符号;还有一种是局部变量,是为了方便在函数或存储过程中保存需要操作的数据而使用的变量,名称前不需要加任何符号。

1)系统变量

系统变量也称为全局变量,指的就是在 MySQL 系统内部定义的变量,对所有的 MySQL 客户端都有效。在默认情况下,会在服务器启动时使用命令行或配置文件完成系统变量的设置。

查看系统变量的语法格式:

```
SHOW GLOBAL VARIABLES[LIKE '匹配模式'|WHERE 表达式];
```

修改系统变量的值的语法格式:

```
SET var_name = new_values;
```

使用 SET 修改系统变量,只在本次连接中有效,若要让修改影响后续的所有连接,需要使用 SET GLOBAL:

```
SET GLOBAL var_name = new_values;
#或
SET @@GLOBAL.var_name = new_values;
```

2)会话变量

会话变量也称为用户变量,指的是用户自定义的变量,跟 MySQL 当前客户端连接是绑定的,仅对当前用户使用的客户端有效。

查看会话变量的语法格式:

```
SHOW SESSION VARIABLES[LIKE '匹配模式'|WHERE 表达式];
```

定义或修改用户变量的值的三种方式:

```
#(1)使用 SET 赋值
SET @var_name = value;
#(2)在 SELECT 语句中使用赋值符号':='
SELECT @var_name:=value;
#(3)使用 SELECT INTO 语句
SELECT name1,name2... FROM...
INTO @var_name1,@var_name2...;
```

在设置好会话变量后,使用 SELECT 可以直接查询会话变量的值:

```
SELECT @var_name1,@var_name2...;
```

3)局部变量

局部变量仅在复合语句中使用,作用范围也仅在复合语句中的 BEGIN 和 END 之间。

局部变量使用 DECLARE 进行定义：

```
DECLARE var_name1[,var_name2]...数据类型[DEFAULT 默认值]
```

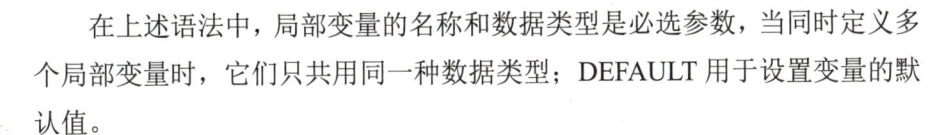

在上述语法中，局部变量的名称和数据类型是必选参数，当同时定义多个局部变量时，它们只共用同一种数据类型；DEFAULT 用于设置变量的默认值。

二维码 6-1-3 函数

2. 常用系统函数

（1）聚合函数。聚合函数的名称和作用如表 6-1-1 所示。

表 6-1-1 聚合函数

函数名称	作用
MAX	查询指定列的最大值
MIN	查询指定列的最小值
COUNT	统计查询结果的行数
SUM	求和，返回指定列的总和
AVG	求平均值，返回指定列数据的平均值

（2）数学函数。数学函数的名称和作用如表 6-1-2 所示。

表 6-1-2 数学函数

函数名称	作用
ABS	求绝对值
SQRT	求二次方根
MOD	求余数
FLOOR	向下取整，返回值转化为一个 bigint
RAND	生成一个 0～1 的随机数
ROUND	对所传参数进行四舍五入
POW、POWER	求所传参数的次方的结果值
SIN、COS、TAN、COT	求正弦值、余弦值、正切值、余切值
ASIN、ACOS、ATAN	求反正弦值、反余弦值、反正切值

（3）字符串函数。字符串函数的名称和作用如表 6-1-3 所示。

表 6-1-3 字符串函数

函数名称	作用
LENGTH	计算字符串长度函数，返回字符串的字节长度
CONCAT	合并字符串函数，返回结果为连接参数产生的字符串，参数可以是一个或多个
INSERT	替换字符串函数
LOWER	将字符串中的字母转换为小写

续表

函数名称	作用
UPPER	将字符串中的字母转换为大写
LEFT	从左侧截取字符串，返回字符串左边的若干个字符
RIGHT	从右侧截取字符串，返回字符串右边的若干个字符
TRIM	删除字符串左右两侧的空格
REPLACE	字符串替换函数，返回替换后的新字符串
SUBSTRING	截取字符串，返回从指定位置开始的指定长度的字符串
REVERSE	字符串反转（逆序）函数，返回与原始字符串顺序相反的字符串

（4）时间和日期函数。时间和日期函数的名称和作用如表 6-1-4 所示。

表 6-1-4　时间和日期函数

函数名称	作用
CURDATE、CURRENT_DATE	返回当前系统的日期值
CURTIME、CURRENT_TIME	返回当前系统的时间值
NOW、SYSDATE	返回当前系统的日期和时间值
UNIX_TIMESTAMP	获取 UNIX 时间戳函数
FROM_UNIXTIME	将 UNIX 时间戳转换为时间格式
MONTH	获取指定日期中的月份
MONTHNAME	获取指定日期中的月份的英文名称
DAYNAME	获取指定日期对应的星期几的英文名称
DAYOFWEEK	获取指定日期对应的一周的索引位置值
WEEK	获取指定日期是一年中的第几周，返回值的范围为 0~52 或 1~53
DAYOFYEAR	获取指定日期是一年中的第几天，返回值的范围是 1~366
DAYOFMONTH	获取指定日期是一个月中的第几天，返回值的范围是 1~31
YEAR	获取年份，返回值的范围是 1970~2069
TIME_TO_SEC	将时间转换为秒数
SEC_TO_TIME	将秒数转换为时间，与 TIME_TO_SEC 互为反函数
DATE_ADD 和 ADDDATE	两个函数的功能相同，都是向日期添加指定的时间间隔
DATE_SUB 和 SUBDATE	两个函数的功能相同，都是向日期减去指定的时间间隔
ADDTIME	时间加法运算，在原始时间上添加指定的时间
SUBTIME	时间减法运算，在原始时间上减去指定的时间
DATEDIFF	获取两个日期之间的间隔，返回参数 1 减去参数 2 的值
DATE_FORMAT	格式化指定的日期，根据参数返回指定格式的值
WEEKDAY	获取指定日期在一周内对应的工作日索引

六、任务总结

1. 知识树

本任务的知识树如图 6-1-10 所示。

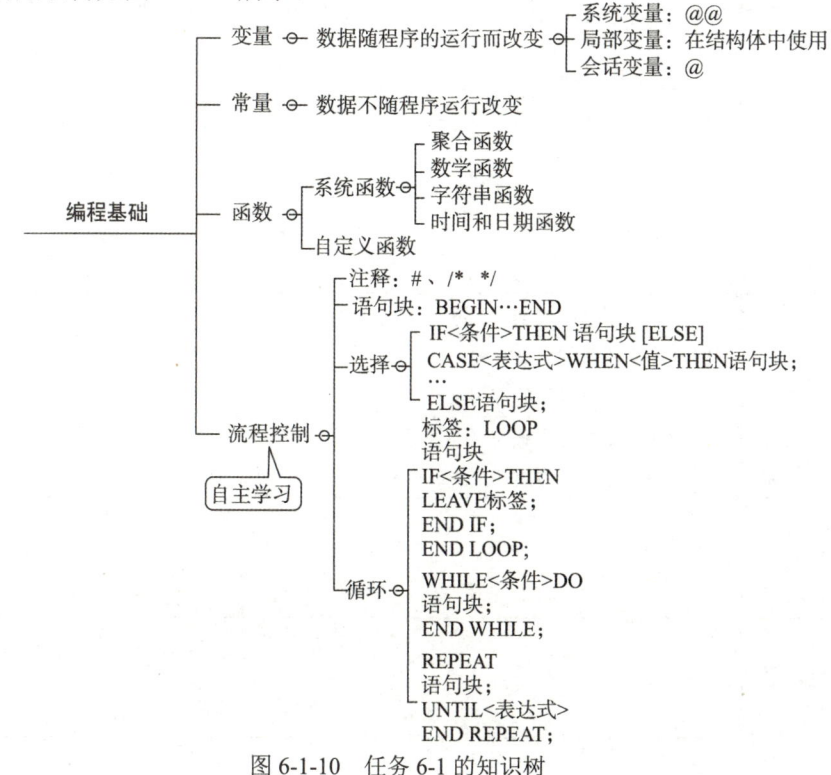

```
                            ┌─ 变量 ─── 数据随程序的运行而改变 ─┬─ 系统变量：@@
                            │                                  ├─ 局部变量：在结构体中使用
                            │                                  └─ 会话变量：@
                            │
                            ├─ 常量 ─── 数据不随程序运行改变
                            │
                            │                    ┌─ 聚合函数
                            │         ┌─ 系统函数 ├─ 数学函数
              编程基础 ──────┤         │          ├─ 字符串函数
                            ├─ 函数 ──┤          └─ 时间和日期函数
                            │         └─ 自定义函数
                            │
                            │                    ┌─ 注释：#、/* */
                            │                    ├─ 语句块：BEGIN…END
                            │                    │          ┌─ IF<条件>THEN 语句块 [ELSE]
                            │                    ├─ 选择 ──┤  CASE<表达式>WHEN<值>THEN语句块；
                            │                    │          │  …
                            └─ 流程控制 ─────────┤          └─ ELSE语句块；
                                     (自主学习)  │          ┌─ 标签：LOOP
                                                 │          │  语句块
                                                 │          │  IF<条件>THEN
                                                 │          │  LEAVE标签；
                                                 │          │  END IF；
                                                 └─ 循环 ──┤  END LOOP；
                                                            │  WHILE<条件>DO
                                                            │  语句块；
                                                            │  END WHILE；
                                                            │  REPEAT
                                                            │  语句块；
                                                            │  UNTIL<表达式>
                                                            └─ END REPEAT；
```

图 6-1-10　任务 6-1 的知识树

2. 拓学关键字

自定义函数、游标、临时函数。

七、思考讨论

如何使用 MySQL 时间和日期函数获得不同格式的时间和日期？

八、自我检查

（1）以下用来获取绝对值的函数是（　　）。

　　A. MAX()　　　　　　B. REPLACE()　　　　C. ABS()　　　　　　D. AVG()

（2）以下用来返回当前登录名的函数是（　　）。

　　A. USER()　　　　　　B. SHOW USER()　　　C. SESSION_USER()　　D. SHOW USERS()

（3）以下用来创建自定义函数的关键字是（　　）。

　　A. CREATE TABLE　　　　　　　　　　　　B. CREATE VIEW

C. CREATE FUNCTION   D. 以上都不是

（4）以下可以获得动态的实时时间的函数是（   ）。

    A. NOW()   B. SYSDATE()
    C. CURRENT_TIMESTAMP()   D. 以上答案全正确

九、挑战提升

任务工单

课程名称 _____   任务编号 _____6-1_____
班级/团队 _____   学　　期 _____

任务名称	志愿服务数据库的基础编程	学时	
任务技能目标	（1）学会变量的定义与使用； （2）学会系统函数的使用。		
任务描述	（1）使用命令行方式定义并使用变量； （2）使用命令行方式调用系统函数。		
任务步骤			
任务总结			
评分标准	（1）内容完成度（60分）； （2）文档规范性（30分）； （3）拓展与创新（10分）。	得分	

任务 6-2　志愿服务数据库的存储过程编程

知识目标

☐ 了解存储过程的概念

技能目标

☐ 掌握存储过程的创建
☐ 掌握存储过程的使用
☐ 掌握存储过程的修改
☐ 掌握存储过程的删除

素质目标

☐ 培养编程解决复杂逻辑问题的能力
☐ 培养工程意识、创新能力

- 培养分析问题和解决问题的能力

重点
- 创建存储过程

难点
- 存储过程的使用

一、任务描述

在校园志愿服务网站的建设过程中发现有很多业务功能会在不同的模块中反复出现，重复编写相同的语句既增加了工作量，又不利于代码的后期维护，此时可以将这些 SQL 语句封装成存储过程，以重复使用，减少系统管理员的工作量。

二、思路整理

1. 存储过程的概念

在校园志愿服务网站中，管理员需要根据政治面貌来查询相应志愿者的详细信息，这个功能需要经常用到，因此将其定义成存储过程。在数据库中，存储过程实际上是对具有一定功能的代码段的封装。

2. 存储过程的创建与调用

既然存储过程是封装的一段有相对独立功能的代码段，那么就涉及这段代码段的创建与调用问题。

创建存储过程：CREATE PROCEDURE
查看存储过程：SHOW PROCEDURE
调用存储过程：CALL

3. 存储过程的参数

在调用存储过程后，封装的代码段才能得到执行，为了将指定的数据信息传入存储过程，将经过存储过程加工处理的数据信息返回到程序以外，存储过程就有了输入和输出参数之分。输入和输出参数的个数由程序根据需要在创建时指定。

4. 存储过程的删除

删除存储过程：DROP PROCEDURE

三、代码实现

下面保持清醒的头脑、平静的心，整理思路开始代码的编写。

1. 创建存储过程

（1）定义一个存储过程 getallmember，查询所有政治面貌是团员的志愿者的信息，对应的 SQL 语句如下，运行结果如图 6-2-1 所示。

```
DELIMITER @@
CREATE PROCEDURE getallmember()
BEGIN
SELECT * FROM volunteer_personal_information WHERE politicCountenance="团员";
END @@
```

图 6-2-1　定义存储过程（一）

二维码 6-2-1
简单存储过程的定义

（2）定义一个存储过程 getvolbypoli，查询所有指定政治面貌的志愿者的信息，对应的 SQL 语句如下，运行结果如图 6-2-2 所示。

```
DELIMITER @@
CREATE PROCEDURE getvolbypoli(IN poli CHAR(4))
BEGIN
SELECT * FROM volunteer_personal_information WHERE politicCountenance=poli;
END @@
```

图 6-2-2　定义存储过程（二）

（3）定义一个存储过程 getcount，根据指定政治面貌统计志愿者的数量，对应的 SQL 语句如下，运行结果如图 6-2-3 所示。

```
DELIMITER @@
CREATE PROCEDURE getcount(IN poli CHAR(4),OUT cou INT)
BEGIN
SELECT count(*) cou FROM volunteer_personal_information WHERE politicCountenance=poli;
END @@
```

图 6-2-3　定义存储过程（三）

二维码 6-2-2
包含输入与输出参数的
存储过程的定义

2. 查看存储过程

查看存储过程 getallmember 的 SQL 语句如下，运行结果如图 6-2-4 所示。

```
SHOW PROCEDURE status WHERE name='getallmember';
```

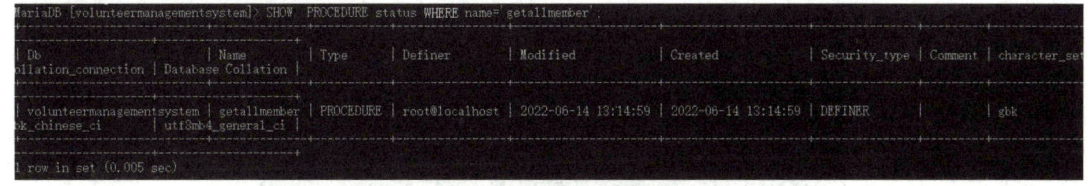

图 6-2-4　查看存储过程

3. 调用存储过程

（1）调用存储过程 getallmember，查看所有政治面貌是团员的志愿者的信息，对应的 SQL 语句如下，运行结果如图 6-2-5 所示。

```
CALL getallmember;
```

图 6-2-5　调用存储过程（一）

（2）调用存储过程 getvolbypoli，查看所有政治面貌是党员的志愿者的信息，对应的 SQL 语句如下，运行结果如图 6-2-6 所示。

```
CALL getvolbypoli('中共党员');
```

图 6-2-6　调用存储过程（二）

（3）调用存储过程 getcount，查看政治面貌是团员的志愿者的数量，对应的 SQL 语句如下，运行结果如图 6-2-7 所示。

```
CALL getcount('团员',@cou);
```

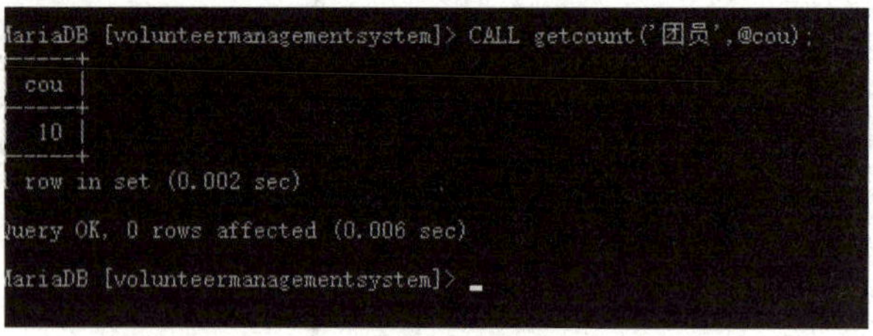

图 6-2-7　调用存储过程（三）

4. 删除存储过程

删除存储过程 getallmember，对应的 SQL 语句如下，运行结果如图 6-2-8 所示。

```
DROP PROCEDURE IF EXISTS getallmember;
```

图 6-2-8　删除存储过程

四、创新训练

1. 观察与发现

凡事要三思，但比三思更重要的是三思而行。

存储过程和函数都可以看成数据库的对象，那么存储过程和函数有什么区别？为什么要使用存储过程？

2. 探索与尝试

博学之，审问之，慎思之，明辨之，笃行之。

存储过程也可以完成对某些应用逻辑的处理，大家在学习的过程中可以思考一下，在软件系统的开发过程中哪些工作可以交由数据库编程来完成？

3. 职业素养的养成

在常规编程中，一个错误通常只会造成程序的崩溃或产生 bug，修改并重新调试往往就可以了；而 SQL 语言操作的是数据，每一步操作都可能对系统数据产生持久化影响，一不小心就可能造成系统数据的破坏和丢失，因此学习和使用数据库编程应该养成以下两个习惯。

（1）细心。在执行 SQL 语句时认真检查一下，要清楚自己在做什么。

（2）及时备份。及时备份并考虑对系统的元数据进行版本控制。

常见的可能造成破坏性影响的 SQL 关键字包括 DELETE、UPDATE、DROP、TRUNCATE 等，大家在编程中使用它们的时候要尤其慎重。

五、知识梳理

简单地说,存储过程就是一条或多条 SQL 语句的集合,利用这些 SQL 语句完成一个或多个逻辑功能。

存储过程可以被赋予参数,存储在数据库中,可以被用户调用,也可以被 Java 或 C#等编程语言调用。由于存储过程是已经编译好的代码,所以在调用过程中不必再次进行编译,从而提高了程序的运行效率。

二维码 6-2-3
存储过程

1. 创建存储过程

用户可以使用 CREATE PROCEDURE 语句创建存储过程,语法格式如下:

```
DELIMITER 新结束符号
CREATE PROCEDURE 存储过程名([参数列表])
BEGIN
过程体
END 新结束符号
DELIMITER;
```

语法说明如下。

1)存储过程名

存储过程的名称,默认在当前数据库中创建。若需要在特定数据库中创建存储过程,则要在名称前面加上数据库的名称。

需要注意的是,名称应当尽量避免选取与 MySQL 内置函数相同的名称,否则会发生错误。

2)参数列表

存储过程的参数列表,其格式如下:

```
[ IN | OUT | INOUT ] <参数名> <类型>
```

其中,类型为参数的类型,可以是任何有效的 MySQL 数据类型。当有多个参数时,彼此之间用逗号分隔。存储过程可以没有参数(此时存储过程的名称后仍需加上一对括号),也可以有一个或多个参数。

MySQL 存储过程支持三种类型的参数,即输入参数、输出参数和输入/输出参数,分别用 IN、OUT 和 INOUT 三个关键字标识。其中,输入参数可以传递给一个存储过程,输出参数用于存储过程需要返回一个操作结果的情形,而输入/输出参数既可以充当输入参数也可以充当输出参数。

需要注意的是,参数的取名不要与数据表的列名相同,否则尽管不会返回出错信息,但是存储过程的 SQL 语句会将参数名看作列名,从而引发不可预知的结果。

3)过程体

存储过程的主体部分,也称为存储过程体,包含在过程调用的时候必须执行的 SQL 语句。这个部分以关键字 BEGIN 开始,以关键字 END 结束。若存储过程体中只有一条 SQL 语句,则可以省略 BEGIN...END 标志。

4) DELIMITER 指令

在 MySQL 中，服务器处理 SQL 语句默认是以分号作为语句结束标志的。然而，在创建存储过程时，存储过程体可能包含多条 SQL 语句，这些 SQL 语句如果仍以分号作为语句结束符，那么 MySQL 服务器在处理时会以遇到的第一条 SQL 语句结尾处的分号作为整个程序的结束符，而不再去处理存储过程体中后面的 SQL 语句，这样显然不行。

为了解决以上问题，通常使用 DELIMITER 指令将结束标志修改为其他字符。例如：

```
DELIMITER $$
CREATE PROCEDURE 存储过程名 ( [过程参数[,…] ] )
BEGIN
END $$
DELIMITER ;
```

这里使用$$作为用户新定义的结束符，通常这个符号可以是一些特殊的符号，如两个??或两个$$等（注意不要使用反斜杠"\"字符，因为它是 MySQL 的转义字符）。END 后的$$代表存储过程定义语句的结束，然后将结束标志改回默认的;号。

2. 查看存储过程

在建好存储过程以后，用户可以通过 SHOW STATUS 语句来查看存储过程的状态，也可以通过 SHOW CREATE 语句来查看存储过程的定义。

1) 查看存储过程的状态

在 MySQL 中可以通过 SHOW STATUS 语句查看存储过程的状态，其基本语法格式如下：

```
SHOW PROCEDURE STATUS LIKE 存储过程名;
```

LIKE 存储过程名用来匹配存储过程的名称，LIKE 不能省略。

2) 查看存储过程的定义

SHOW STATUS 语句只能查看存储过程操作的是哪一个数据库，存储过程的名称、类型、谁定义的，创建和修改时间、字符编码等信息。这个语句不能查询存储过程的集体定义，如果需要查看详细定义，需要使用 SHOW CREATE 语句。

```
SHOW CREATE PROCEDURE 存储过程名;
```

3. 调用存储过程

在 MySQL 中使用 CALL 语句来调用存储过程。在调用存储过程后，数据库系统将执行存储过程中的 SQL 语句，然后将结果返回给输出值。

CALL 语句接收存储过程的名字以及需要传递给它的任意参数，其基本语法格式如下：

```
CALL 存储过程名(参数);
```

在上述语法中，参数列表传递的参数需要与创建存储过程的形参相对应，当形参被指定为 IN 时，实参值可以是变量或直接是数据；当形参被指定为 OUT 时，调用存储过程传递的参数必须是一个变量，用于接收返回给调用者的数据。

4. 修改存储过程

在 MySQL 中通过 ALTER PROCEDURE 语句来修改存储过程，其语法格式如下。

```
ALTER PROCEDURE 存储过程名 [ 特征...];
```

特征指定了存储过程的特性，可能的取值如下。
- CONTAINS SQL：表示子程序中包含 SQL 语句，但不包含读或写数据的语句。
- NO SQL：表示子程序中不包含 SQL 语句。
- READS SQL DATA：表示子程序中包含读数据的语句。
- MODIFIES SQL DATA：表示子程序中包含写数据的语句。
- SQL SECURITY { DEFINER | INVOKER }：指明谁有权限来执行。其中，DEFINER 表示只有定义者自己才能够执行，INVOKER 表示调用者可以执行。
- COMMENT 'string'：表示注释信息。

需要注意的是，该语句只能修改存储过程的某些特征，如果要修改存储过程的内容，可以先删除原存储过程，再以相同的命名创建新的存储过程；如果要修改存储过程的名称，可以先删除原存储过程，再以不同的命名创建新的存储过程。

5. 删除存储过程

在存储过程被创建后会一直保存在数据库服务器上，直到被删除。当 MySQL 数据库中存在废弃的存储过程时，需要将它从数据库中删除。在 MySQL 中使用 DROP PROCEDURE 语句来删除数据库中已经存在的存储过程。其语法格式如下：

```
DROP PROCEDURE [IF EXISTS] 存储过程名;
```

其中，IF EXISTS 用于防止因删除不存在的存储过程而引发的错误。

注意：存储过程名后面没有参数列表，也没有括号，在删除之前必须确认该存储过程没有任何依赖关系，否则会导致其他与之关联的存储过程无法运行。

六、任务总结

1. 主要内容

本任务介绍了 MySQL 存储过程的相关基础知识，包括存储过程的定义和使用。如果业务比较复杂、重复性工作比较多，比较适合使用存储过程。

把重复要做的事情整理成一步一步的业务步骤,然后把业务步骤写成 SQL 语句,再把 SQL 语句写到存储过程的代码段中。就像自动驾驶一样，把可能遇到的状况提前规划好，就不需要自己操纵方向盘，车子就按照所写的步骤向前开了。

2. 拓学关键字

事务。

七、思考讨论

存储过程和函数有什么区别？

八、自我检查

（1）下列对存储过程的描述中正确的是（　　）。

　　A. 在存储过程中可以定义变量

　　B. 修改存储过程相当于重新创建一个存储过程

　　C. 存储过程在数据库中只能应用一次

　　D. 以上都正确

（2）下列对存储过程的描述中不正确的是（　　）。

　　A. 存储过程创建好就不能修改了

　　B. 修改存储过程相当于重新创建一个存储过程

　　C. 存储过程不调用可以直接使用

　　D. 以上都不正确

（3）有关存储过程的参数的默认值，下列说法中正确的是（　　）。

　　A. 输入参数必须有默认值

　　B. 可以定义带默认值的输入参数，方便用户调用

　　C. 带默认值的输入参数，用户不能再传入参数，只能采用默认值

　　D. 输入参数不可以带默认值

（4）下列有关存储过程的说法中错误的是（　　）。

　　A. 它可以作为一个独立的数据库对象并作为一个单元供用户在应用程序中调用

　　B. 存储过程可以传入（输入）和返回（输出）参数值

　　C. 存储过程必须带参数，要么是输入参数，要么是输出参数

　　D. 存储过程提高了执行效率

九、挑战提升

任务工单

课程名称　＿＿＿＿＿＿＿＿＿　　　　　　　任务编号　＿＿6-2＿＿．
班级/团队　＿＿＿＿＿＿＿＿＿　　　　　　　学　　期　＿＿＿＿＿＿．

任务名称	志愿服务数据库的存储过程编程	学时	
任务技能目标	（1）学会定义存储过程； （2）学会查看存储过程； （3）学会使用存储过程。		

续表

任务描述	（1）使用命令行方式定义存储过程； （2）使用命令行方式查看存储过程； （3）使用命令行方式调用存储过程。		
任务步骤			
任务总结			
评分标准	（1）内容完成度（60分）； （2）文档规范性（30分）； （3）拓展与创新（10分）。	得分	

任务6-3　志愿服务数据库的触发器编程

知识目标
- 了解触发器的作用
- 理解触发器的工作机制

技能目标
- 掌握触发器的使用

素质目标
- 培养主动学习的能力
- 培养知识储备的能力
- 培养公平公正、兼顾全局的意识

重点
- 触发器的定义、查看、修改和删除

难点
- 对触发器工作机制的理解

一、任务描述

在校园志愿服务网站的运行过程中，当系统管理员删除志愿岗位信息时，需要在日志中记录是谁删除了记录。这个功能可以使用SQL语句或存储过程来实现，也可以编写触发器，在从志愿岗位表删除记录的同时自动在日志表中实现修改。

二、思路整理

1. 触发器

触发器是一种特殊的存储过程，主要通过事件的触发而被执行。它可以强化约束，来维护数据的完整性和一致性，可以跟踪数据库内的操作从而不允许未经许可的更新和变化，可以进行联级运算，比如某个表上的触发器包含对另一个表的数据操作，而该操作又会导致该表触发器被触发。

2. 业务分析

使用如下语句创建一个日志表，如图 6-3-1 所示。

```
CREATE TABLE LOG
(who VARCHAR(30),
oper_date DATE
);
```

图 6-3-1　创建日志表

三、代码实现

下面保持清醒的头脑、平静的心，整理思路开始代码的编写。

1. 创建触发器

（1）使用如下语句创建触发器 delete_trigger，该触发器记录了哪些用户删除了志愿岗位记录，如图 6-3-2 所示。

```
CREATE TRIGGER delete_trigger
AFTER DELETE
ON position_information
FOR EACH ROW
INSERT INTO LOG(who,oper_date) VALUES(USER(),SYSDATE());
```

图 6-3-2　创建触发器（一）

为了测试该触发器是否正常运行，在此使用 root 账号登录，在 position_information 表中删除一条记录，并查询日志信息表。其对应的 SQL 语句如下，运行结果如图 6-3-3 所示。

```
DELETE FROM position_information WHERE postNumber=10;
SELECT * FROM log;
```

图 6-3-3　触发触发器

二维码 6-3-1
触发器的定义和触发

（2）使用如下语句创建触发器 trigger_vol_ass，实现志愿者编号的级联更新，即在修改志愿者信息表（volunteer_personal_information）中的志愿者编号后自动地修改志愿者派出表（volunteer_assign）中相应人员的编号，如图 6-3-4 所示。

```
CREATE TRIGGER trigger_vol_ass
AFTER UPDATE
ON volunteer_personal_information
FOR EACH ROW
UPDATE volunteer_assign  SET volunteerNumber=NEW.volunteerNumber
WHERE volunteerNumber=OLD.volunteerNumber;
```

图 6-3-4　创建触发器（二）

2. 删除触发器

使用如下语句删除触发器 trigger_vol_ass，如图 6-3-5 所示。

```
DROP TRIGGER trigger_vol_ass;
```

图 6-3-5　删除触发器

四、创新训练

1. 观察与发现

程序不会第一次就正确运行，但是程序员愿意守着计算机进行若干个小时的调试改错。

触发器是一类特殊的存储过程，它和普通的存储过程相比有什么区别呢？触发器是属于某个表的触发器，并且触发器的触发可以影响到多表的相关数据。在校园志愿服务数据库中哪些表需要触发器？需要什么样业务规则的触发器？

2. 探索与尝试

大家应该重视团队精神，一个人的作用再大，也不过是一碗水中比较大的一粒水珠而已。

在校园志愿服务数据库中建立了多少触发器？这些触发器被触发后是否实现了相应的业务规则？如何验证呢？你能否制定出相应的验证方案？

3. 职业素养的养成

触发器实际上是一种强制的业务规则的实现。校园志愿服务网站的志愿者接单某志愿服务项目后，会得到各方对其志愿服务完成情况的评价，系统会将评价自动按照一定的加分计算原则计入数据库的相应表中，为日后的数据统计提供便利。类似这样的业务规则用触发器完成，只要触发器设计合理，在条件具备时就能自动触发触发器实现。

MySQL 的触发器是一种自动监管、自我检查机制，也是一种制度管理机制。在现实生活中大家应该效仿制度管理机制，制度面前人人平等，人人遵守。

触发器的功能由设计者根据业务规则设计，服务于需求，追求合理和效率。人们在生活中制定的制度，应该科学合理、公平公正、兼顾全局。

二维码 6-3-2
触发器

五、知识梳理

触发器是与 MySQL 数据表有关的数据库对象，在满足定义条件时自动触发，并执行触发器中定义的语句集合，是一种特殊的存储过程。触发器的这种特性可以应用在数据库端确保数据的完整性。

1. 创建触发器

用户可以使用 CREATE TRIGGER 语句创建触发器，其基本语法格式如下：

```
CREATE TRIGGER 触发器名
BEFORE | AFTER
INSERT | UPDATE | DELETE
ON 表名 FOR EACH ROW
触发器主体
```

语法说明如下。

1）触发器名

触发器在当前数据库中必须具有唯一的名称。如果要在某个特定数据库中创建，在名称前面应该加上数据库的名称。

2）BEFORE | AFTER

BEFORE 和 AFTER 是触发器被触发的时刻，表示触发器是在激活它的语句之前或之后触发。若希望验证新数据是否满足条件，则使用 BEFORE 选项；若希望在激活触发器的语句执行之后完成几个或更多的改变，则通常使用 AFTER 选项。

3）INSERT | UPDATE | DELETE

触发事件，用于指定激活触发器的语句的种类。

注意：三种触发器的执行时间如下。

INSERT：将新行插入表时激活触发器。例如，INSERT 的 BEFORE 触发器不仅能被 MySQL 的 INSERT 语句激活，也能被 LOAD DATA 语句激活。

UPDATE：更改表中某一行数据时激活触发器，例如，UPDATE 语句。

DELETE：从表中删除某一行数据时激活触发器，例如，DELETE 和 REPLACE 语句。

4）表名

与触发器相关联的表名，此表必须是永久性表，不能将触发器与临时表或视图关联起来。在该表上触发事件发生时才会激活触发器。同一个表不能拥有两个具有相同触发时刻和事件的触发器。例如，对于一张数据表，不能同时有两个 BEFORE UPDATE 触发器，但可以有一个 BEFORE UPDATE 触发器和一个 BEFORE INSERT 触发器，或一个 BEFORE UPDATE 触发器和一个 AFTER UPDATE 触发器。

5）FOR EACH ROW

一般是指行级触发，对于受触发事件影响的每一行都要激活触发器的动作。例如，在使用 INSERT 语句向某个表中插入多行数据时，触发器会对每一行数据的插入都执行相应的触发器动作。

6）触发器主体

触发器动作主体，包含触发器激活时将要执行的 MySQL 语句。如果要执行多个语句，可以使用 BEGIN…END 复合语句结构。

注意：每个表都支持 INSERT、UPDATE 和 DELETE 的 BEFORE 与 AFTER，因此每个表最多支持 6 个触发器。

每个表的每个事件每次只允许有一个触发器。单一触发器不能与多个事件或多个表关联。

2. 查看触发器

（1）用户可以使用 SHOW TRIGGERS 语句查看已经定义的触发器：

```
SHOW TRIGGERS [FROM|IN 数据库名][LIKE '匹配模式'|WHERE 条件表达式];
```

（2）在 MySQL 中，所有触发器的信息都保存在 information_schema 数据库的 triggers 表中，也可以通过查询命令（SELECT）来查看，具体的语法格式如下：

```
SELECT * FROM information_schema.triggers WHERE trigger_name='触发器名';
```

3. 删除触发器

与其他 MySQL 数据库对象一样，可以使用 DROP 语句将触发器从数据库中删除。其语法格式如下：

```
DROP TRIGGER [IF EXISTS] [数据库名] <触发器名>;
```

IF EXISTS 是可选项，用于避免在没有触发器的情况下删除触发器。

注意：在删除一个表的同时也会自动删除该表上的触发器。另外，触发器不能更新或覆盖，为了修改一个触发器，必须先删除它，再重新创建。

六、任务总结

1. 主要内容

本任务介绍了 MySQL 触发器的相关知识，触发器是一类特殊的存储过程，可以在某些时候自动执行，通过数据库中的相关表实现级联更改。

2. 拓学关键字

触发器临时表（new、old）。

七、思考讨论

（1）从效率的角度出发，在很多大型的软件项目开发过程中都严格限制触发器的使用，甚至完全禁止使用触发器。这个观点正确吗？你能调研一下在实际工程中是这样的操作吗？

（2）BEFORE 触发器和 AFTER 触发器有什么区别？

八、自我检查

1. 单选题

（1）下列触发器不能触发的事件是（　　）。

  A. INSERT   B. UPDATE

  C. DELETE   D. SELECT

（2）CREATE TRIGGER 语句中 WITH ENCRYPTION 参数的作用是（　　）。

  A. 加密触发器文本

  B. 加密定义触发器的数据库

  C. 加密定义触发器的数据库的数量

  D. 以上都不正确

（3）UPDATE 触发器能够对（　　）的修改进行检查。

  A. 数据库的名称   B. 表中的某行数据

  C. 表中的某列数据   D. 表的结构

2. 多选题

（1）下列关于触发器的说法中错误的是（　　）。

  A. 触发器是一种特殊的存储过程，它可以包含 IF、WHILE、CASE 等复杂的 T-SQL 语句

  B. 使用触发器需要两步，即先创建触发器，然后再调用触发器

  C. 如果检查到要修改的数据不满足业务规则，触发器可以回滚撤销操作

  D. 使用触发器可以创建比 CHECK 约束更复杂的高级约束

（2）执行 UPDATE 触发器能够对（　　）的修改进行检查。

  A. temp   B. deleted   C. hold   D. inserted

九、挑战提升

任务工单

课程名称 _____　　　　　　　　　　　任务编号　　__6-3__
班级/团队 _____　　　　　　　　　　　学　　期 _____

任务名称	志愿服务数据库的触发器编程	学时	
任务技能目标	（1）学会定义触发器； （2）学会查看触发器； （3）学会修改触发器； （4）学会删除触发器。		
任务描述	校园志愿服务网站的志愿者接单某志愿服务项目后，会得到各方对其志愿服务完成情况的评价，系统会将评价自动按照一定的加分计算原则计入数据库的相应表中，为日后的数据统计提供便利。 （1）使用命令行登录数据库； （2）根据业务规则定义触发器； （3）查看触发器； （4）修改触发器； （5）搭建触发器验证环境，激活触发器，完成业务规则的验证。		
任务步骤			
任务总结			
评分标准	（1）内容完成度（60分）； （2）文档规范性（30分）； （3）拓展与创新（10分）。	得分	

项目七 志愿服务数据库的安全管理

任务 7-1　志愿服务数据库的视图设计

知识目标
- 了解视图的机制

技能目标
- 掌握视图的创建、使用、修改和删除

素质目标
- 培养数据安全意识
- 养成规范意识和工程意识

重点
- 视图的使用

难点
- 视图的设计

一、任务描述

在校园志愿服务网站中岗位负责人可以对自己所负责的岗位进行管理，为保证数据的安全性，岗位负责人只能看到本人负责的岗位信息并对其进行管理。

二、思路整理

1. 视图的机制

视图（View）是从一个或多个表中导出来的表，它是一种虚拟存在的表，表的结构和数据都依赖于基本表。视图是查看和操作表中数据的一种方法，通过视图不仅可以看到存放在基本表中的数据，还可以像操作基本表一样对数据进行查询、添加、修改和删除。

视图可以作为一种安全机制。通过视图，用户只能查看和修改他们所能看到的数据，其他数据库或关系既不可见也不可以访问。如果某一用户想要访问视图的结果集，必须授予其访问权限。

使用视图有许多优点，例如，提供各种数据表现形式、提供某些数据的安全性、隐藏数据的复杂性、简化查询语句、执行特殊查询、保存复杂查询等。

2. 业务分析

岗位信息保存在岗位信息表（position_information）中，岗位负责人信息保存在管理员表（dbadmin）中，需要为每个管理员建立一个视图，将其管理的岗位信息从岗位信息表中取出，放入视图。

二维码 7-1-1
视图

三、代码实现

下面保持清醒的头脑、平静的心，整理思路开始代码的编写。

1. 视图的创建

使用 CREATE VIEW 语句创建一个视图，保存管理员 Jack 负责的岗位信息，对应的 SQL 语句如下，运行结果如图 7-1-1 所示。

```sql
CREATE VIEW v_Jack_position
AS
SELECT * FROM position_information
WHERE personInCharge='Jack';
```

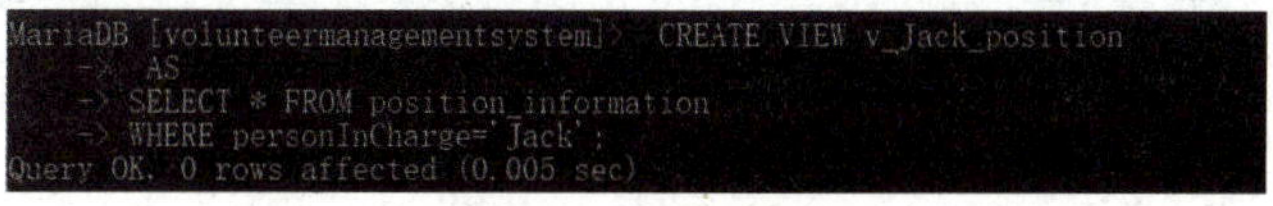

图 7-1-1　创建视图

2. 视图的修改

使用 CREATE OR REPLACE VIEW 或者 ALTER VIEW 语句来修改视图，CREATE OR REPLACE VIEW 是用创建视图的语句将原来的视图覆盖掉。其对应的 SQL 语句如下，运行结果如图 7-1-2 所示。

```sql
CREATE OR REPLACE VIEW v_Jack_position
AS
SELECT * FROM position_information
WHERE personInCharge='Jack'
WITH CHECK OPTION;
```

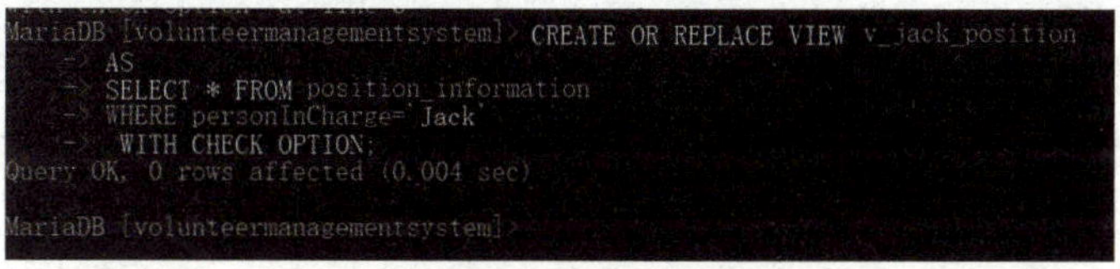

图 7-1-2　修改视图

修改视图的定义，增加 WHTH CHECK OPTION 选项，可以使所删除或修改的数据行必须满足视图所定义的约束条件。

3. 视图的删除

使用 DROP VIEW 语句来删除视图，对应的 SQL 语句如下，运行结果如图 7-1-3 所示。

```
DROP VIEW  v_Jack_position;
```

```
MariaDB [volunteermanagementsystem]> DROP VIEW v_Jack_position;
Query OK, 0 rows affected (0.001 sec)
```

图 7-1-3　删除视图

注意：删除视图不会影响创建该视图的基础表或视图中的数据。

四、创新训练

1. 观察与发现

数据无价，丢失难复。

二维码 7-1-2
视图的创建和使用

对于关系型数据库而言，表是用来存储数据的。作为数据库管理员，出于安全考虑，一般不希望将每一个表的结构暴露给更多的用户，而站在合法用户的角度，也不想或不需要关心所有表的结构。用户只希望对所需数据进行访问，该数据可能是单表或多表中满足条件的部分数据。这种情况应该如何解决呢？

2. 探索与尝试

通过多表联合查询可以解决需要的局部数据的获取，获取的数据是以查询结果集的形式呈现给用户的，无法保存，下次获取相同数据还要再次进行相同的联合查询，同时查询结果集无法更改其中的部分数据。

将查询结果集保存为视图，不仅可以解决这部分数据的反复读写，还可以保证灵活授权，大家可以通过拓展学习尝试一下。

思考：视图是虚拟的表，它与永久表、临时表有什么区别呢？

3. 职业素养的养成

数据库可能面临以下几大威胁。

威胁 1 - 滥用过高权限：当用户（或应用程序）被授予超出了其工作职能所需的数据库访问权限时，这些权限可能会被恶意滥用。例如，校园志愿服务数据库管理员在工作中只需要能够更改志愿者的联系信息，不过他可能会利用过高的数据库更新权限来更改志愿者积分。

威胁 2 - 滥用合法权：用户还可能将合法的数据库权限用于未经授权的目的。假设一个恶意的医务人员拥有可以通过自定义 Web 应用程序查看单个患者病历的权限。在通常情况下，该 Web 应用程序的结构限制用户只能查看单个患者的病史，即无法同时查看多个患者的病历，并且不允许复制电子副本。但是，恶意的医务人员可以通过使用其他客户端（例如，MS-Excel

连接到数据库来规避这些限制。通过使用 MS-Excel 以及合法的登录凭据，该医务人员就可以检索和保存所有患者的病历。

威胁 3 - 权限提升：攻击者可以利用数据库平台软件的漏洞将普通用户的权限转换为管理员权限。漏洞可以在存储过程、内置函数、协议实现甚至是 SQL 语句中找到。例如，一个金融机构的软件开发人员可以利用有漏洞的函数来获得数据库管理权限。使用管理权限，恶意的开发人员可以禁用审计机制、开设伪造的账户以及转账等。

威胁 4 - 平台漏洞：底层操作系统中的漏洞和安装在数据库服务器上其他服务中的漏洞可能导致未经授权的访问、数据破坏或拒绝服务。例如，"冲击波病毒"就是利用了 Windows 2000 的漏洞为拒绝服务攻击创造条件。

威胁 5 - SQL 注入：在 SQL 注入攻击中，入侵者通常将未经授权的数据库语句插入（或"注入"）有漏洞的 SQL 数据信道中。在通常情况下，攻击所针对的数据信道包括存储过程和 Web 应用程序输入参数。然后，这些注入的语句被传递到数据库中并在数据库中执行。使用 SQL 注入，攻击者可以不受限制地访问整个数据库。

威胁 6 - 身份验证不足：薄弱的身份验证方案可以使攻击者窃取或以其他方法获得登录凭据，从而获取合法的数据库用户的身份。攻击者可以采取很多策略来获取凭据。

威胁 7 - 备份数据暴露：在通常情况下，备份数据库存储介质对于攻击者是毫无防护措施的。因此，在若干起著名的安全破坏活动中都是数据库备份磁带和硬盘被盗。为防止备份数据暴露，所有数据库备份都应该加密。

无论是数据库的设计者、管理者还是使用者都应该保持高度的警惕，努力学习，用自己的知识技能来维护数据的安全、维护网络的安全、维护国家的安全。

五、知识梳理

1. 创建视图

创建视图的语法格式如下：

```
CREATE [OR REPLACE] [ALGORITHM = {UNDEFINED | MERGE | TEMPTABLE}]
    VIEW view_name [(column_list)]
    AS select_statement
    [WITH [CASCADED | LOCAL] CHECK OPTION]
```

语法说明如下。

（1）OR REPLACE：表示替换已有视图。

（2）ALGORITHM：表示视图选择算法，默认算法是 UNDEFINED（未定义的），表示 MySQL 自动选择要使用的算法；MERGE 表示合并；TEMPTABLE 表示使用临时表。

（3）select_statement：表示 SELECT 语句。

（4）[WITH [CASCADED | LOCAL] CHECK OPTION]：表示在更新视图时保证在视图的

权限范围之内。CASCADED 是默认值，表示在更新视图的时候要满足视图和表的相关条件；LOCAL 表示在更新视图的时候要满足该视图定义的一个条件。

提示：推荐用户使用 WHIT [CASCADED|LOCAL] CHECK OPTION 选项，这样可以保证数据的安全性。

2. 查看视图

（1）使用 SHOW CREATE VIEW 语句查看视图信息。

（2）视图一旦创建完毕，就可以像普通表那样使用，视图主要用来查询。

（3）有关视图的信息记录在 information_schema 数据库的 views 表中。

3. 修改视图

（1）使用 CREATE OR REPLACE VIEW 语句修改视图，在视图存在的情况下可以对视图进行修改，在视图不存在的情况下可以创建视图。

（2）使用 ALTER VIEW 语句修改视图。其语法格式如下：

```
ALTER
    [ALGORITHM = {UNDEFINED | MERGE | TEMPTABLE}]
    [DEFINER = {user | CURRENT_USER}]
    [SQL SECURITY {DEFINER | INVOKER}]
VIEW view_name [(column_list)]
AS select_statement
    [WITH [CASCADED | LOCAL] CHECK OPTION]
```

注意：修改视图是指修改数据库中已存在的表的定义，当基表中的某些字段发生改变时，用户可以通过修改视图来保持视图和基本表之间的一致。

（3）使用 DML 操作更新视图。

因为视图本身没有数据，所以对视图进行的 DML 操作最终都体现在基表中。

如果有下列内容之一，视图不能做 DML 操作：

① SELECT 语句中包含 DISTINCT；

② SELECT 语句中包含组函数；

③ SELECT 语句中包含 GROUP BY 子句；

④ SELECT 语句中包含 ORDER BY 子句；

⑤ SELECT 语句中包含 UNION、UNION ALL 等集合运算符；

⑥ WHERE 子句中包含相关子查询；

⑦ FROM 子句中包含多个表；

⑧ 如果视图中有计算列，则不能更新；

⑨ 如果基表中有某个具有非空约束的列未出现在视图定义中，则不能做 INSERT 操作。

4. 删除视图

删除视图是指删除数据库中已经存在的视图，在删除视图时只能删除视图的定义，不会删除数据，也就是说不会动基表。其语法格式如下：

```
DROP VIEW [IF EXISTS]
view_name [, view_name] ...
```

如果视图不存在,则抛出异常,使用 IF EXISTS 选项可以使删除不存在的视图时不抛出异常。

5. 定义视图的一些选项

(1) 使用 WITH CHECK OPTION 约束。

对于可以执行 DML 操作的视图,在定义时可以带上 WITH CHECK OPTION 约束,其作用是使视图所做的 DML 操作的结果不能违反视图的 WHERE 条件的限制。

(2) 定义视图的其他选项。

```
CREATE [OR REPLACE]
    [ALGORITHM = {UNDEFINED | MERGE | TEMPTABLE}]
    [DEFINER = {user | CURRENT_USER}]
    [SQL SECURITY {DEFINER | INVOKER}]
VIEW view_name [(column_list)]
AS select_statement
    [WITH [CASCADED | LOCAL] CHECK OPTION]
```

ALGORITHM 选项:选择处理定义视图的 SELECT 语句中使用的方法。

① UNDEFINED:默认选项,MySQL 将自动选择所要使用的算法。

② MERGE:将视图的语句和视图定义合并起来,使得视图定义的某一部分取代语句的对应部分。

③ TEMPTABLE:将视图的结果存入临时表,然后使用临时表执行语句。

DEFINER 选项:指出谁是视图的创建者或定义者。

① DEFINER= '用户名'@'登录主机'。

② 如果不指定该选项,则创建视图的用户就是定义者,指定关键字 CURRENT_USER(当前用户)和不指定该选项的效果相同。

SQL SECURITY 选项:要查询一个视图,必须具有对视图的 SELECT 权限,如果同一个用户对于视图所访问的表没有 SELECT 权限,会怎么样? SQL SECURITY 选项决定执行的结果。

① SQL SECURITY DEFINER:默认选项,定义(创建)视图的用户必须对视图所访问的表具有 SELECT 权限,也就是说将来其他用户访问表的时候以定义者的身份访问,此时其他用户并没有访问权限。

② SQL SECURITY INVOKER:访问视图的用户必须对视图所访问的表具有 SELECT 权限。

六、任务总结

1. 主要内容

本任务介绍了视图的相关知识,视图是一个虚拟表,其内容由查询定义。和真实的表一样,视图包含了一系列带有名称的列数据和行数据。但是,视图并不在数据库中以存储的数据值集的形式存在。行数据和列数据来自由定义视图的查询所引用的表，并且在引用视图时动态生成。

2. 拓学关键字

查询结果集、虚拟表（视图）、永久表、临时表。

七、思考讨论

使用视图有什么好处？

八、自我检查

（1）下列操作中在视图上不能完成的是（　　）。

  A. 更新视图数据

  B. 在视图上定义新的基本表

  C. 在视图上定义新的视图

  D. 查询

（2）创建视图的命令是（　　）。

  A. ALTER VIEW

  B. ALTER TABLE

  C. CREATE TABLE

  D. CREATE VIEW

（3）在 MySQL 中不可以对视图执行的操作是（　　）。

  A. SELECT　　　　　　　　　　B. INSERT

  C. DELETE　　　　　　　　　　D. CREATE INDEX

（4）WITH CHECK OPTION 选项对视图有（　　）的作用。

  A. 进行权限检查

  B. 进行删除检查

  C. 进行更新检查

  D. 进行插入检查

（5）下列关于视图创建的说法中正确的是（　　）。

  A. 可以建立在单表上

  B. 可以建立在一个或多个视图的基础上

  C. 可以建立在两张或两张以上的表的基础上

  D. 以上都有可能

九、挑战提升

任务工单

课程名称 _____   任务编号 ____7-1____
班级/团队 _____   学　　期 _____

任务名称	志愿服务数据库的视图设计	学时	
任务技能目标	（1）学会创建视图； （2）学会查看视图； （3）学会修改视图； （4）学会删除视图。		
任务描述	（1）根据需求设计视图； （2）使用命令行方式创建视图； （3）使用命令行方式查看视图； （4）使用命令行方式修改视图； （5）使用命令行方式创建视图。		
任务步骤			
任务总结			
评分标准	（1）内容完成度（60分）； （2）文档规范性（30分）； （3）拓展与创新（10分）。	得分	

任务 7-2　志愿服务数据库的权限管理

知识目标

☐ 了解用户、权限和角色的概念

技能目标

☐ 掌握用户的创建、使用、修改和删除
☐ 掌握权限的创建、授予和收回
☐ 掌握角色的创建、授予和收回

素质目标

☐ 培养数据安全意识

重点
☐ 权限的分配

难点
☐ 权限的验证

一、任务描述

在校园志愿服务网站长期的运行过程中，数据库管理员会持续地对数据库进行管理。在前面一直使用 root 用户来操作数据库，但是 root 用户是超级管理员，拥有数据库的全部权限，从安全和工作便利的角度考虑，需要创建多个 MySQL 用户，并为它们授予不同的权限，对校园志愿服务数据库中的各项资源进行管理。

二、思路整理

MySQL 通过对用户的管理和对权限的管理来实现数据库资源的安全访问控制，实现"正确的人"能够"正确地访问""正确的数据库资源"的效果。用户的管理用于实现数据库用户在某台登录主机的身份认证，只有在合法的登录主机通过身份认证的数据库用户才能成功连接到 MySQL 服务器，继而向 MySQL 服务器发送 MySQL 命令或者 SQL 语句；权限的管理用于验证 MySQL 用户是否有权执行该 MySQL 命令或 SQL 语句，确保"数据库资源"被正确地访问或者执行。

那么有哪些类型的用户呢？这些用户能拥有怎样的权限呢？

二维码 7-2-1
用户和权限

三、代码实现

下面保持清醒的头脑、平静的心，整理思路开始代码的编写。

1. 用户管理

（1）创建岗位管理员 posadmin，其密码为 qwerty。其对应的 SQL 语句如下，运行结果如图 7-2-1 所示。

```
CREATE USER posadmin@localhost IDENTIFIED BY 'qwerty';
```

```
MariaDB [volunteermanagementsystem]> CREATE USER posadmin@localhost IDENTIFIED BY 'qwerty';
Query OK, 0 rows affected (0.004 sec)
```

图 7-2-1　创建用户

（2）查看数据库系统中的所有用户。其对应的 SQL 语句如下，运行结果如图 7-2-2 所示。

```
USE mysql;
SELECT * FROM USER;
```

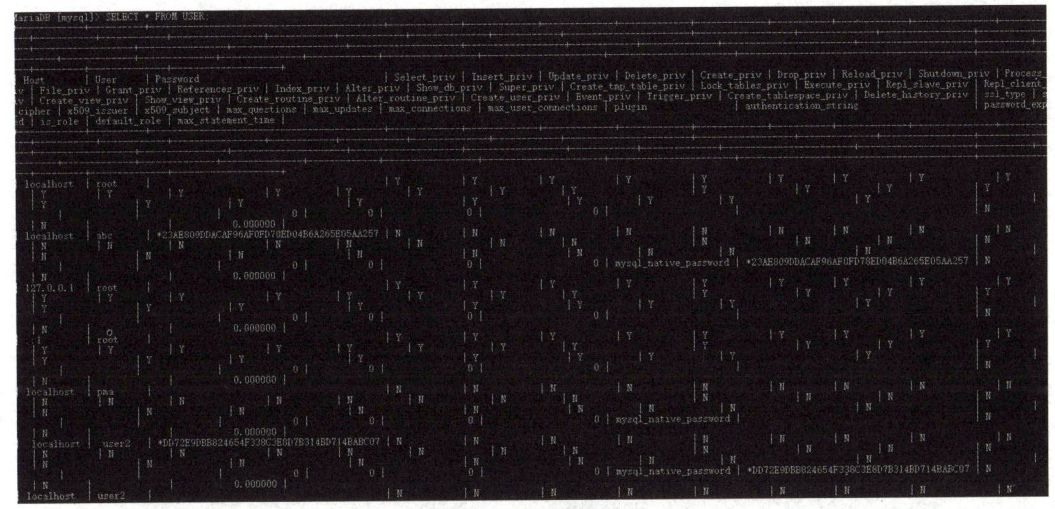

图 7-2-2　查看用户

（3）修改 posadmin 用户的密码为 zxcvbn。其对应的 SQL 语句如下，运行结果如图 7-2-3 所示。

```
SET PASSWORD FOR posadmin@localhost=password('zxcvbn');
```

图 7-2-3　修改用户的密码

（4）修改 posadmin 用户的用户名为 positionadmin。其对应的 SQL 语句如下，运行结果如图 7-2-4 所示。

```
RENAME USER posadmin@localhost TO positionadmin@localhost;
```

图 7-2-4　修改用户名

（5）删除用户 positionadmin。其对应的 SQL 语句如下，运行结果如图 7-2-5 所示。

```
DROP USER positionadmin@localhost;
```

图 7-2-5　删除用户

2. 权限管理

（1）创建用户 col_pos，其密码为 qwerty，并授予其对岗位信息表（position_information）中岗位编号（postNumber）字段和联系电话（telephoneNumber）字段的查询权限以及对联系电话（telephoneNumber）字段的修改权限。其对应的 SQL 语句如下，运行结果如图 7-2-6 所示。

二维码 7-2-2
用户的创建和修改

```
USE mysql;
CREATE USER col_pos@localhost IDENTIFIED BY 'qwerty';
GRANT SELECT(postNumber,telephoneNumber),UPDATE(telephoneNumber)
ON TABLE volunteermanagementsystem.position_information
TO col_pos@localhost
```

```
WITH GRANT OPTION;
```

图 7-2-6　创建用户并授予字段级别权限

二维码 7-2-3
权限的赋予

（2）查看数据库系统中的所有字段级别权限。其对应的 SQL 语句如下，运行结果如图 7-2-7 所示。

```
USE mysql;
SELECT * FROM Columns_priv;
```

图 7-2-7　查看字段级别权限

（3）创建岗位表用户 tab_pos，其密码为 asdfgh，并授予其对岗位信息表（position_information）的查询和插入权限。其对应的 SQL 语句如下，运行结果如图 7-2-8 所示。

```
USE mysql;
CREATE USER tab_pos@localhost IDENTIFIED BY 'asdfgh';
GRANT SELECT,INSERT
ON TABLE volunteermanagementsystem.position_information
TO tab_pos@localhost
WITH GRANT OPTION;
```

图 7-2-8　创建用户并授予表级别权限

（4）查看数据库系统中 tab_pos 用户拥有的所有表级别权限。其对应的 SQL 语句如下，运行结果如图 7-2-9 所示。

```
USE mysql;
SELECT * FROM tables_priv WHERE user='tab_pos';
```

图 7-2-9　查看用户拥有的表级别权限

（5）创建 volunteermanagementsystem 数据库用户 db_pos，其密码为 zxcvbn，并授予其对 volunteermanagementsystem 数据库中所有表的查询、创建和删除权限。其对应的 SQL 语句如下，运行结果如图 7-2-10 所示。

```
USE mysql;
CREATE  USER db_pos@localhost IDENTIFIED BY 'zxcvbn';
GRANT SELECT,CREATE,DROP
ON volunteermanagementsystem.*
TO db_pos@localhost;
```

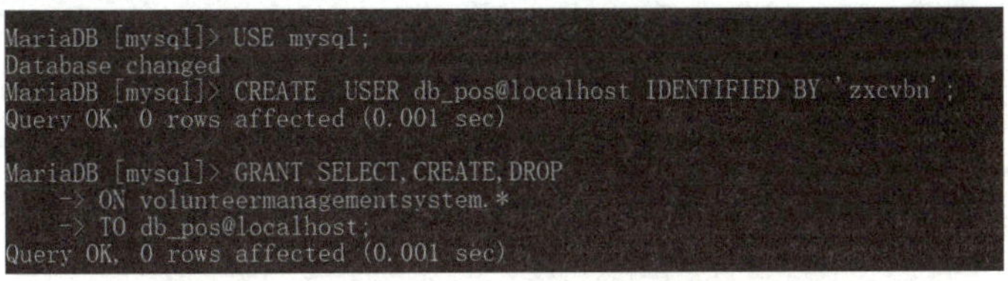

```
MariaDB [mysql]> USE mysql;
Database changed
MariaDB [mysql]> CREATE  USER db_pos@localhost IDENTIFIED BY 'zxcvbn';
Query OK, 0 rows affected (0.001 sec)

MariaDB [mysql]> GRANT SELECT,CREATE,DROP
    -> ON volunteermanagementsystem.*
    -> TO db_pos@localhost;
Query OK, 0 rows affected (0.001 sec)
```

图 7-2-10　创建用户并授予其数据库级别权限

（6）查看对 volunteermanagementsystem 数据库拥有数据库级别权限的所有用户。其对应的 SQL 语句如下，运行结果如图 7-2-11 所示。

```
USE mysql;
SELECT * FROM db WHERE db='volunteermanagementsystem';
```

（7）撤销 col_pos 用户的所有权限。其对应的 SQL 语句如下，运行结果如图 7-2-12 所示。

```
USE mysql;
REVOKE ALL PRIVILEGES,GRANT OPTION FROM col_pos@localhost;
```

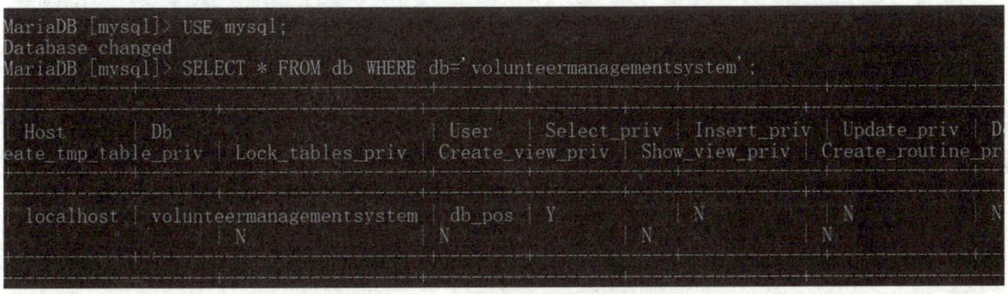

```
MariaDB [mysql]> USE mysql;
Database changed
MariaDB [mysql]> SELECT * FROM db WHERE db='volunteermanagementsystem';

| Host      | Db                        | User   | Select_priv | Insert_priv | Update_priv | D
eate_tmp_table_priv | Lock_tables_priv | Create_view_priv | Show_view_priv | Create_routine_pr

| localhost | volunteermanagementsystem | db_pos | Y           | N           | N           | N
                    | N                | N                | N              | N
```

图 7-2-11　查看数据库级别权限

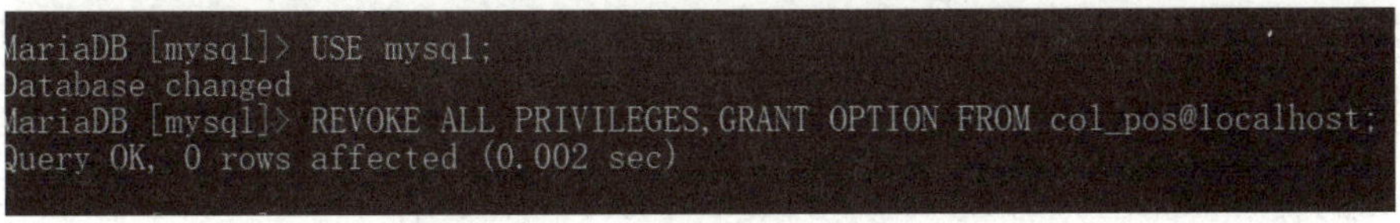

```
MariaDB [mysql]> USE mysql;
Database changed
MariaDB [mysql]> REVOKE ALL PRIVILEGES,GRANT OPTION FROM col_pos@localhost;
Query OK, 0 rows affected (0.002 sec)
```

图 7-2-12　撤销用户权限（一）

（8）撤销数据库用户 db_pos 对所有表的创建和删除权限。其对应的 SQL 语句如下，运行结果如图 7-2-13 所示。

```
USE mysql;
REVOKE DROP,CREATE
ON volunteermanagementsystem.*
FROM db_pos@localhost;
```

图 7-2-13 撤销用户权限（二）

二维码 7-2-4 权限的撤销

四、创新训练

1. 观察与发现

大家要清清楚楚做事，明明白白做人，做有思想、有主见的学习者。

知道了有哪些类型的用户，如何授予和回收用户的权限，那么作为用户如何验证自己的权限呢？作为学习者，你能为校园志愿服务数据库创建不同级别的用户并授予相应的权限吗？

2. 探索与尝试

在完成上面问题的过程中应该首先写出完成方案，例如：①创建哪些用户；②用户的密码；③用户的权限包括哪些；④用户权限授予后的权限验证方案。

在按照步骤完成的过程中会发现，如果权限授予不当，会存在隐患。

3. 职业素养的养成

如果数据库权限配置不当，会导致安全隐患。

（1）角色权限设置不当：当角色被授予低权限用户，相当于交出了完整的操作权限，可以让低权限用户通过账号权限获得数据库高级别的操作权限，从而可以为所欲为。

（2）系统权限设置不当：系统权限设置不当就更危险了。执行任意存储过程的权限一旦被授予低权限用户，后者可以利用某些调用者权限存储过程实现提升账户权限的目的。

（3）包权限设置不当：包权限设置不当也是一件麻烦事儿。如果把包权限给了低权限用户，低权限用户就可以利用语句以系统权限调用执行函数，从而有机会执行任意 SQL 语句。

案例：2018 年 9 月，江苏常州大学的怀德学院发生大规模学生信息泄露事件，上千名学生的信息被不法企业盗用，泄露信息的学生人数超过 2600 名，不法企业涉及省内多地，信息疑被这些企业用于偷逃税款。

大家要做好权限管理，加强数据安全保护，防范网络欺诈骗局。

五、知识梳理

在成功安装 MySQL 后，默认情况下 MySQL 会自动创建 root（超级管理员）用户，管理 MySQL 服务器的全部资源，但仅靠 root 用户不足以管理 MySQL 服务器的诸多资源，不得不创建多个 MySQL 用户共同管理各个数据库资源。下面依次介绍对用户和权限的管理。

1. 用户管理

MySQL 用户包括 root 用户和普通用户，root 用户是超级管理员，拥有所有的权限；而普通用户只拥有创建该用户时赋予的权限。

在 MySQL 数据库中，为了防止非授权用户对数据库进行存取，数据库管理员可以创建登录用户、修改用户信息和删除用户。

1）创建登录用户

在 MySQL 数据库中使用 CREATE USER 语句创建登录用户，语法格式如下：

```
CREATE USER 用户 [IDENTIFIED BY [PASSWORD] '密码']
[, 用户 [IDENTIFIED BY [PASSWORD] '密码']]...;
```

说明：

（1）用户的格式，用户名@主机名。其中，主机名指定了创建的用户使用 MySQL 连接的主机。另外，"%"表示一组主机，localhost 表示本地主机。

（2）IDENTIFIED BY 子句指定创建用户时的密码。如果密码是一个普通的字符串，则不需要使用 PASSWORD 关键字。

（3）使用 CREATE USER 语句创建用户时不会赋予用户任何权限，还需要通过 GRANT 语句分配权限。

（4）可在 MySQL 系统数据库的 USER 表中查看数据库系统中的所有用户信息。

2）修改用户的密码

在创建用户名后，可以使用 SET PASSWORD 语句对用户的密码进行修改，语法格式如下：

```
SET PASSWORD FOR 用户= '新密码';
```

3）修改用户名

修改已存在的用户名可以使用 RENAME USER 语句，语法格式如下：

```
RENAME USER 旧用户名 TO 新用户名[,旧用户名 TO 新用户名][,...];
```

4）删除用户

使用 DROP USER 可以删除一个或多个 MySQL 用户，并取消其权限，语法格式如下：

```
DROP USER 用户[用户][,...];
```

2. 权限管理

权限管理主要是对登录到 MySQL 服务器的数据库用户进行权限验证。所有用户的权限都存储在 MySQL 的权限表中。合理的权限管理能够保证数据库系统的安全，不合理的权限管理会给数据库系统带来危害。

权限管理主要包括两个内容，即授予权限和撤销权限。

1）授予权限

创建了用户，并不意味着用户就可以对数据库随心所欲地进行操作，用户对数据进行任何操作都需要具有相应的操作权限。

在 MySQL 中，针对不同的数据库资源，可以将权限分为 5 类，即字段级别权限、表级别权限、存储程序级别权限、数据库级别权限和全局级别权限。

（1）授予字段级别权限。

在 MySQL 中，授予权限都是使用 GRANT 语句来进行的。授予字段级别权限的语法格式如下：

```
GRANT 权限名称(列名[,列名,...])[,权限名称(列名[,列名...]),...]
ON TABLE 数据库名.表名或视图名
TO 用户[,用户,...]
[WITH GRAND OPTION];
```

拥有 MySQL 字段级别权限的用户可以对指定数据库的指定表中的指定列执行所授予的权限操作。

（2）授予表级别权限。

授予表级别权限的语法格式如下：

```
GRANT 权限名称[,权限名称,...]
ON TABLE 数据库名.表名或视图名
TO 用户[,用户,...]
[WITH GRAND OPTION];
```

拥有 MySQL 表级别权限的用户可以对指定数据库中的指定表执行所授予的权限操作。

（3）授予存储过程级别权限。

授予存储过程级别权限的语法格式如下：

```
GRANT 权限名称[,权限名称,...]
ON FUNCTION|PROCEDURE 数据库名.函数名|数据库名.表名
TO 用户[,用户,...]
[WITH GRAND OPTION];
```

拥有 MySQL 存储过程级别权限的用户可以对指定数据库的存储过程或函数执行所授予的权限操作。

（4）授予数据库级别权限。

授予数据库级别权限的语法格式如下：

```
GRANT 权限名称[,权限名称,...]
ON 数据库名.*
TO 用户[,用户,...]
[WITH GRAND OPTION];
```

拥有 MySQL 数据库级别权限的用户可以对指定数据库中的对象执行所授予的权限操作。

（5）授予全局级别权限。

授予全局级别权限的语法格式如下：

```
GRANT 权限名称[,权限名称,...]
ON *.*
TO 用户[,用户,...]
[WITH GRAND OPTION];
```

拥有 MySQL 全局级别权限的用户可以对服务器上所有数据库中的对象执行所授予的权限操作。

（6）在 MySQL 中可以授予和取消权限，MySQL 提供的常见权限如表 7-2-1 所示。

表 7-2-1 MySQL 提供的常见权限

分类	权限	权限级别	描述
数据权限	SELECT	全局、数据库、表、字段	查询
	UPDATE	全局、数据库、表、字段	修改
	DELETE	全局、数据库、表	删除
	INSERT	全局、数据库、表、字段	插入
	SHOW DATABASES	全局	查询所有数据库
	SHOW VIEW	全局、数据库、表	查看视图
	SHOW PROCESS	全局	查看进程
结构权限	DROP	全局、数据库、表	删除数据库、表、视图
	CREATE	全局、数据库、表	创建数据库、表
	CREATE ROUTINE	全局、数据库	创建存储过程
	CREATE TABLESPACE	全局	创建、修改或删除表空间和日志文件组
	CREATE TEMPORARY TABLES	全局、数据库	创建临时表
	CREATE VIEW	全局、数据库、表	创建或修改视图
	ALTER	全局、数据库、表	更改数据库或表结构
	ALTER ROUTINE	全局、数据库、存储过程	修改或删除存储过程
	INDEX	全局、数据库、表	创建或删除索引
	TRIGGER	全局、数据库、表	触发器的所有操作
	REFERENCES	全局、数据库、表、字段	创建外键
管理权限	SUPER	全局	使用其他管理操作
	CREATE USER	全局	创建、删除和修改用户
	GRANT OPTION	全局、数据库、表、字段	授予或撤销用户权限
	RELOAD	全局	刷新
	PROXY	代理用户权限	代理
	REPLICATION CLIENT	全局	用户访问主或从服务器
	REPLICATION SLAVE	全局	复制日志事件
	SHUTDOWN	全局	关闭数据库
	LOCK TABLES	全局、数据库	锁定表

2）撤销权限

在 MySQL 中，为了保证数据库的安全，需要将用户不必要的权限收回。例如，数据库管理员发现某个用户不应该具有删除表中数据的权限，就应该及时将其收回，这在一定程度上可以保证数据的安全性。

（1）撤销用户的部分权限，其语法格式如下：

```
REVOKE 权限名称(列名[,列名,...])[,权限名称(列名[,列名...]),...]
ON *.*|数据库名.*|数据库名.表名或视图名
```

```
FROM 用户[,用户,...];
```

在撤销权限的语句中，权限类型、目标类型以及权限级别与授予权限 GRANT 的参数相同。

（2）撤销用户的所有权限，其语法格式如下：

```
REVOKE ALL PRIVILEGES,GRANT OPTION
FROM 用户[,用户,...];
```

六、任务总结

1. 主要内容

为了保障数据库中数据的安全性，需要在数据库中创建一系列用户，然后为不同的用户赋予不同的权限，从而达到使正确的人能够正确地访问正确的数据库资源的效果，保证了安全性。

2. 拓学关键字

角色。

七、思考讨论

从前面的学习可以看出，MySQL 的权限设置非常复杂，权限的类型也非常多，这就为数据库管理员有效地管理数据库权限带来了困难。当需要为几十个用户分别分配不同的权限时，工作量非常大，有没有简化权限管理的办法？

八、自我检查

（1）下列选项中可以重置用户密码的是（　　）。

　　A. ALTER USER　　　B. RENAME USER　　C. CREATE USER　　　D. DROP USER

（2）以下不属于 ALL PRIVILEGES 的权限是（　　）。

　　A. PROXY　　　　　B. SELECT　　　　　C. CREATE USER　　　D. DROP

（3）下列（　　）是 MySQL 数据库中用于保存用户名和密码的表。

　　A. tables_priv　　　　B. columns_priv　　　C. db　　　　　　　D. user

（4）下列账户中命名错误的是（　　）。

　　A. @　　　　　　　B. abc@%　　　　　　C. mark-manager@%　　D. test@localhost

（5）下列关于用户与权限的说法中错误的是（　　）。

　　A. 具有空白用户名的账户是匿名用户

　　B. 通配符%和_都可以用在用户的主机名中

　　C. REVOKE ALL 收回的权限不包括 GRANT OPTION

　　D. 使用 DROP USER 删除用户时并不会收回用户的权限

九、挑战提升

任务工单

| 课程名称 | _____ | 任务编号 | 7-2 |
| 班级/团队 | _____ | 学　　期 | _____ |

任务名称	用户和权限管理	学时	
任务技能目标	（1）掌握用户的创建； （2）掌握赋予用户权限； （3）掌握收回用户权限； （4）掌握删除用户。		
任务描述	（1）使用命令行方式创建用户； （2）使用命令行方式赋予用户权限； （3）使用命令行方式收回用户权限； （4）使用命令行方式删除用户； （5）完成相应操作验证。		
任务步骤			
任务总结			
评分标准	（1）内容完成度（60分）； （2）文档规范性（30分）； （3）拓展与创新（10分）。	得分	

任务 7-3　志愿服务数据库的备份

知识目标

☐ 了解备份的概念

技能目标

☐ 掌握数据库的备份和还原

素质目标

☐ 培养数据安全意识
☐ 养成备份数据的良好习惯

重点

☐ 数据库的备份

难点

☐ 数据库的还原

一、任务描述

校园志愿服务网站在长期的运行过程中难免会发生一些意外造成数据丢失，例如，突然停电、设备故障、操作失误都可能导致数据的丢失。为了确保网站数据的安全，需要定期对数据库进行备份，这样当数据库中的数据有丢失或者出错的情况时，就可以通过已备份的文件将数据库还原到备份时的状态，从而最大限度地降低损失。

二、思路整理

mysqldump 是 MySQL 自带的逻辑备份工具。其原理是将需要备份的数据查询出来，并将查询到的数据转换成对应的 INSERT 语句，这样当用户需要恢复时，只要执行这些 INSERT 语句就可以将数据还原了。

三、代码实现

下面保持清醒的头脑、平静的心，整理思路开始代码的编写。

1. 数据库的备份

（1）使用 mysqldump 命令为 volunteermanagementsystem 数据库中的所有表创建一个数据备份，保存在"F:\db_bak"下，文件名为 volun20220329.sql：

```
C:\>mysqldump -u root -p volunteermanagementsystem >F:\db_bak\volun20220329.sql
Enter password:****
```

（2）使用 mysqldump 命令为 volunteermanagementsystem 数据库中的 position_information 表和 volunteer_personal_information 表创建一个数据备份，保存在"F:\db_bak"下，文件名为 volun20220328.sql：

```
C:\>mysqldump -u root -p volunteermanagementsystem position_information volunteer_personal_information >F:\db_bak\volun20220328.sql
Enter password:****
```

2. 数据库的还原

使用 mysql 命令将"F:\db_bak\volun20220329.sql"文件中的备份还原到数据库中：

```
C:\>mysql -u root -p volunteermanagementsystem <F:\db_bak\volun20220329.sql
Enter password:****
```

四、创新训练

1. 观察与发现

2015 年 5 月，携程员工操作失误，删除了生产服务器上的执行代码，导致官方网站和应用程序大面积

二维码 7-3-1　备份数据库

二维码 7-3-2　还原数据库

瘫痪，无法正常使用。2017 年 1 月，开源代码托管平台 GitLab 的系统管理员在对数据库进行日常维护时无意中运行了数据库目录删除命令，导致 300GB 的原始数据只保留了 4.5GB，GitLab 被迫下线。2020 年 2 月 25 日，微盟发布公告称，公司线上生产环境及数据遭到员工恶意破坏，导致公司系统服务不可用；经过几天的"抢救"，3 月 1 日，微盟再次发布公告称，数据已全部找回，将于 3 月 2 日进行系统上线演练，于 3 月 3 日上午 9 点恢复数据正式上线，同时针对受到影响的商家给出了赔付计划。

2. 探索与尝试

通过分析上述案例不难发现，直接在生产环境中输入命令是一种非常不好的习惯。越是通过自动化来处理问题，系统的运维能力就越强。真正良性的运维能力是人管代码，代码管机器，而不是人管机器。

3. 职业素养的养成

数据库管理员（DataBase Administrator，DBA）是从事管理和维护数据库管理系统（DBMS）的相关工作人员的统称，属于运维工程师的一个分支，主要负责业务数据库从设计、测试到交付的全生命周期管理。

DBA 的核心目标是保证数据库管理系统的稳定性、安全性、完整性和高性能。

数据库管理员的工作职责包括：①保证数据库的使用符合知识产权的相关法规；②进行数据库的安装、配置和管理；③掌控数据库的警告日志；④必要时对数据库的性能进行合理调整；⑤监控数据库的日常会话情况。

数据库管理员（DBA）应具备以下能力：①具备 DBA 的技术能力，能够独立安装和升级数据库服务器；②有足够的专业水平，能够独立创建数据库存储结构；③有良好的沟通能力，能够联系数据库系统的生产厂商，跟踪技术信息；④要足够细心，登记数据库的用户，维护数据库的安全性；⑤意志力坚韧，不断解决各类问题。

五、知识梳理

1. 备份数据

用户可以将数据库备份成一个文本文件，在该文件中实际上包含了多个 CREATE TABLE 和 INSERT 语句，使用这些语句可以重新创建表和插入数据。

1）备份单个数据库或表

使用 mysqldump 命令备份数据库或表的语法格式如下：

```
mysqldump -u 用户名 -h 主机名 -p 密码 数据库名[表名[表名...]]>备份文件名.sql
```

在输入密码后，MySQL 可以对数据库进行备份。

2）备份多个数据库

使用 mysqldump 命令备份多个数据库的语法格式如下：

```
mysqldump -u用户名 -h主机名 -p 密码 --databases 数据库1名 数据库2名... >备份文件名.sql
```

在输入密码后，MySQL 可以对多个指定的数据库进行备份。

3）备份所有数据库

使用 mysqldump 命令备份所有数据库的语法格式如下：

```
mysqldump -u用户名 -h主机名 -p 密码 --all -databases >备份文件名.sql
```

在输入密码后，MySQL 可以对数据库系统中的所有数据库进行备份。

2. 恢复数据

对于使用 mysqldump 命令备份后形成的.sql 文件，可以使用 mysql 命令导入数据库中。

使用 mysql 命令恢复数据的语法格式如下：

```
mysql -u用户名 -p 数据库名 <备份文件名.sql>
```

在执行 mysql 命令之前，必须在 mysql 服务器中创建命令中的数据库，如果该数据库不存在，则在数据恢复过程中会出错。

六、任务总结

1. 主要内容

对数据库进行备份与恢复的目的是防止数据因意外造成丢失。数据库的备份与恢复可以通过命令来完成。

2. 拓学关键字

差异备份、增量备份。

七、思考讨论

数据通过磁盘文件复制是否可以取代数据库的备份与恢复呢？两种方法有差异吗？

八、自我检查

1. 判断题

（1）MySQL 逻辑备份采用 mysqldump 命令。（　　）

（2）数据库恢复是从错误恢复到某一已知的正确状态的功能。（　　）

2. 单选题

下列关于 MySQL 备份文件的说法中错误的是（　　）。

  A. 备份数据库的命令是 mysqldump

  B. 可以还原数据库的命令是 mysql

  C. 可以同时备份一个或多个数据库

  D. 备份数据库的文件的扩展名必须是.sql

九、挑战提升

任务工单

课程名称 _____　　　　　　　　　　　任务编号 ___7-3___
班级/团队 _____　　　　　　　　　　　学　　期 _____

任务名称	校园志愿服务数据库的备份与还原	学时	
任务技能目标	（1）掌握数据库的备份； （2）掌握数据库的还原。		
任务描述	（1）使用命令行方式备份数据库； （2）使用命令行方式删除数据库； （3）使用命令行方式还原数据库。		
任务步骤			
任务总结			
评分标准	（1）内容完成度（60分）； （2）文档规范性（30分）； （3）拓展与创新（10分）。	得分	

项目八 智慧养老数据库设计

知识目标

☐ 熟练掌握 SQL 语句

技能目标

☐ 能使用前端工具和 SQL 语句建数据库和数据表、插入数据、建查询、建视图

素质目标

☐ 培养应用意识、工程意识
☐ 普及信息安全的法律常识
☐ 培养社会服务意识、提高公民意识
☐ 增强民族凝聚力
☐ 培养家国情怀

重点

☐ 综合技能点训练

难点

☐ 合理完成数据库设计

一、项目描述

养老产业是一个多元化的产业体系,产业辐射面广,直接涉及养老服务、养老用品、老年医疗、养老地产、养老金融业等,同时还对上述产业的上/下游产业(例如,建筑、交通运输、科技、文化教育等)产生强大的拉动效应。现阶段我国在以居家养老为主体、社区为依托、机构为补充的养老模式的背景下,通过技术手段从远程监控、实时定位、统一平台信息交互等角度多方位打造信息化养老服务系统,满足现代化、科学化和人性化的养老需求。智慧健康养老利用物联网、云计算、大数据、智能硬件等新一代信息技术产品,能够实现个人、家庭、社区、机构与健康养老资源的有效对接和优化配置,推动健康养老服务的智慧化升级,提升健康养老服务质量的水平。

二、项目分析

1. 数据库的作用

这里使用 MySQL 数据库来存储智慧健康养老项目的数据，如图 8-1-1 所示。

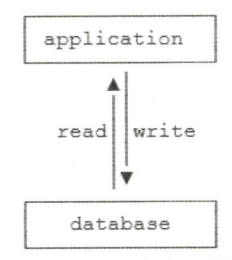

```
application
  ↑   ↓
 read write
  ↑   ↓
database
```

图 8-1-1　数据库存取数据

2. 知识回顾

（1）建数据表需要使用如图 8-1-2 和图 8-1-3 所示的内容。

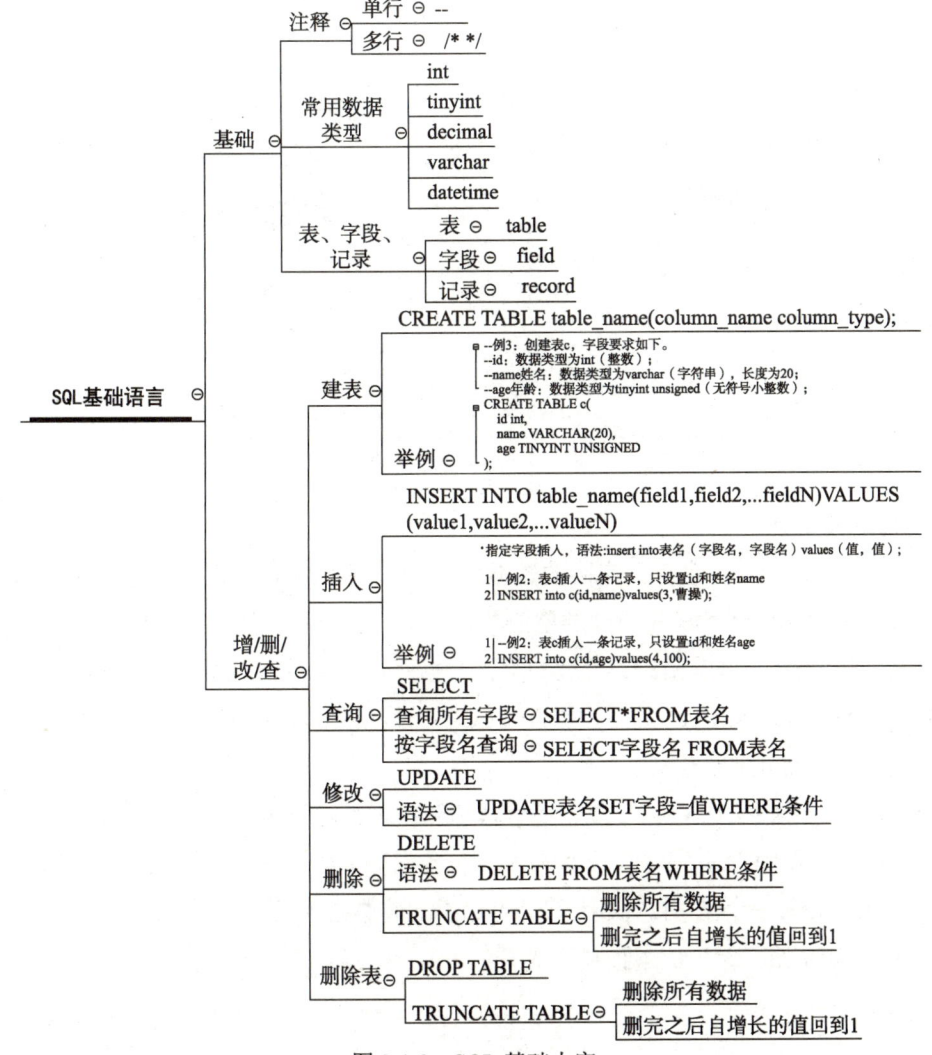

```
SQL基础语言
├─ 基础
│   ├─ 注释
│   │   ├─ 单行 ─ --
│   │   └─ 多行 ─ /* */
│   ├─ 常用数据类型
│   │   ├─ int
│   │   ├─ tinyint
│   │   ├─ decimal
│   │   ├─ varchar
│   │   └─ datetime
│   └─ 表、字段、记录
│       ├─ 表 ─ table
│       ├─ 字段 ─ field
│       └─ 记录 ─ record
└─ 增/删/改/查
    ├─ 建表
    │   ├─ CREATE TABLE table_name(column_name column_type);
    │   └─ 举例
    │       --例3：创建表c，字段要求如下。
    │       --id：数据类型为int（整数）
    │       --name姓名：数据类型为varchar（字符串），长度为20；
    │       --age年龄：数据类型为tinyint unsigned（无符号小整数）。
    │       CREATE TABLE c(
    │           id int,
    │           name VARCHAR(20),
    │           age TINYINT UNSIGNED
    │       );
    ├─ 插入
    │   ├─ INSERT INTO table_name(field1,field2,...fieldN)VALUES (value1,value2,...valueN)
    │   └─ 举例
    │       *指定字段插入，语法：insert into 表名（字段名，字段名）values（值，值）；
    │       1│--例2：表c插入一条记录，只设置id和姓名name
    │       2│INSERT into c(id,name)values(3,'曹操');
    │       1│--例2：表c插入一条记录，只设置id和姓名age
    │       2│INSERT into c(id,age)values(4,100);
    ├─ 查询
    │   ├─ SELECT
    │   ├─ 查询所有字段 ─ SELECT*FROM表名
    │   └─ 按字段名查询 ─ SELECT字段名 FROM表名
    ├─ 修改
    │   ├─ UPDATE
    │   └─ 语法 ─ UPDATE表名SET字段=值WHERE条件
    ├─ 删除
    │   ├─ DELETE
    │   ├─ 语法 ─ DELETE FROM表名WHERE条件
    │   └─ TRUNCATE TABLE ─ 删除所有数据 / 删完之后自增长的值回到1
    └─ 删除表
        ├─ DROP TABLE
        └─ TRUNCATE TABLE ─ 删除所有数据 / 删完之后自增长的值回到1
```

图 8-1-2　SQL 基础内容

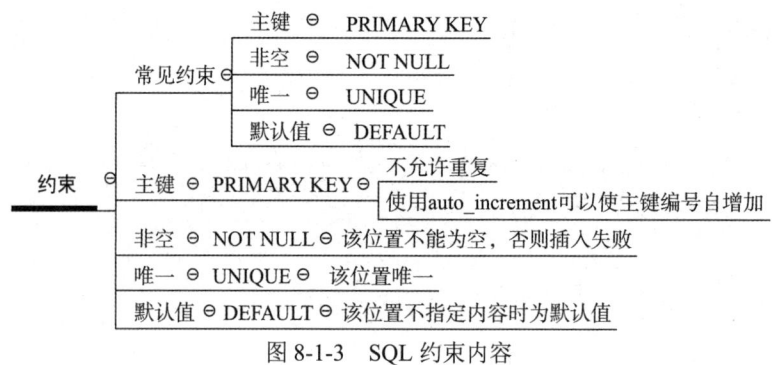

```
                          主键 ⊖ — PRIMARY KEY
              常见约束 ⊖ ┤  非空 ⊖ — NOT NULL
                          唯一 ⊖ — UNIQUE
                          默认值 ⊖ — DEFAULT

约束 ⊖ ┤  主键 ⊖ PRIMARY KEY ── 不允许重复
                                  使用auto_increment可以使主键编号自增加
          非空 ⊖ NOT NULL   该位置不能为空，否则插入失败
          唯一 ⊖ UNIQUE     该位置唯一
          默认值 ⊖ DEFAULT ⊖ 该位置不指定内容时为默认值
```

图 8-1-3　SQL 约束内容

（2）数据表关系如图 8-1-4 所示。

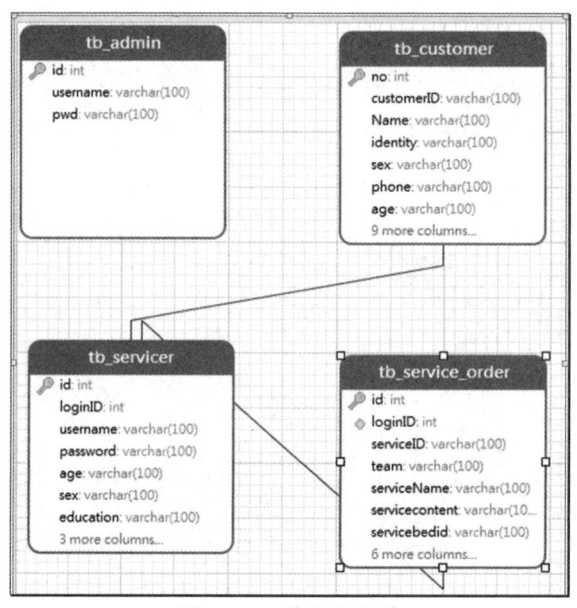

图 8-1-4　数据表关系

（3）Navicat 工具。

Navicat 是一套可以创建多个连接的数据库管理工具，用于管理 MySQL、Oracle、SQL Server、MariaDB 和 MongoDB 等不同类型的数据库，它与阿里云、腾讯云、华为云和 MongoDB Atlas 等云数据库兼容，可以创建、管理和维护数据库，功能足以满足专业开发人员的所有需求，且简单、易操作。Navicat 的用户界面（GUI）设计良好，让用户能够以安全且简单的方法创建、组织、访问和共享信息。

Navicat 是一个强大的 MySQL 数据库管理和开发工具。Navicat 为专业开发人员提供了一套强大的、足够尖端的工具，Navicat 用户可浏览数据库、建立和删除数据库、编辑数据、建立或执行 SQL Queries、管理用户权限（安全设定）、将数据库备份/复原、导入/导出数据（支持 CSV、XT、DBF 和 XML 档案种类）等。

三、项目实现

1. 建库、建表、写数据

首先使用 Navicat 工具创建数据库，然后学习创建数据表，最后学习使用工具写入数据。

1）Navicat 连接配置

（1）选择 MySQL 连接数据库，如图 8-1-5 所示。

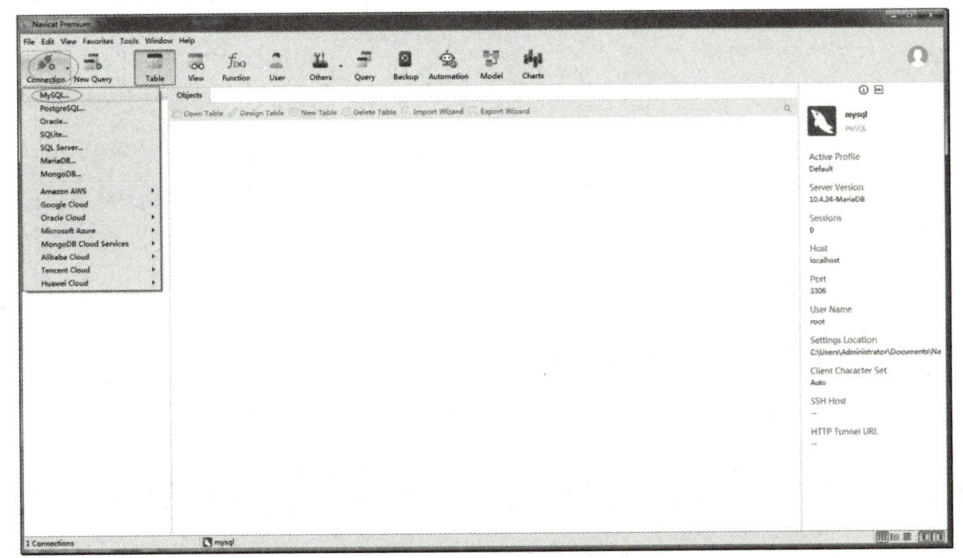

图 8-1-5　连接数据库

（2）指派 Connection Name 建立连接，如图 8-1-6 所示。

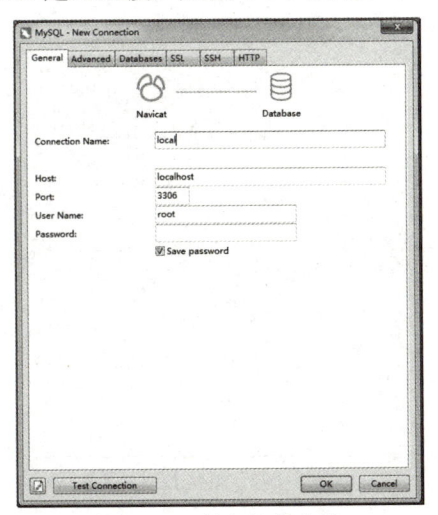

图 8-1-6　输入连接名称

（3）输入连接数据库的用户名和密码进行连接。

（4）连接成功后，在窗口的左侧会显示当前所有数据库，灰色表示没有打开，如图 8-1-7 所示。

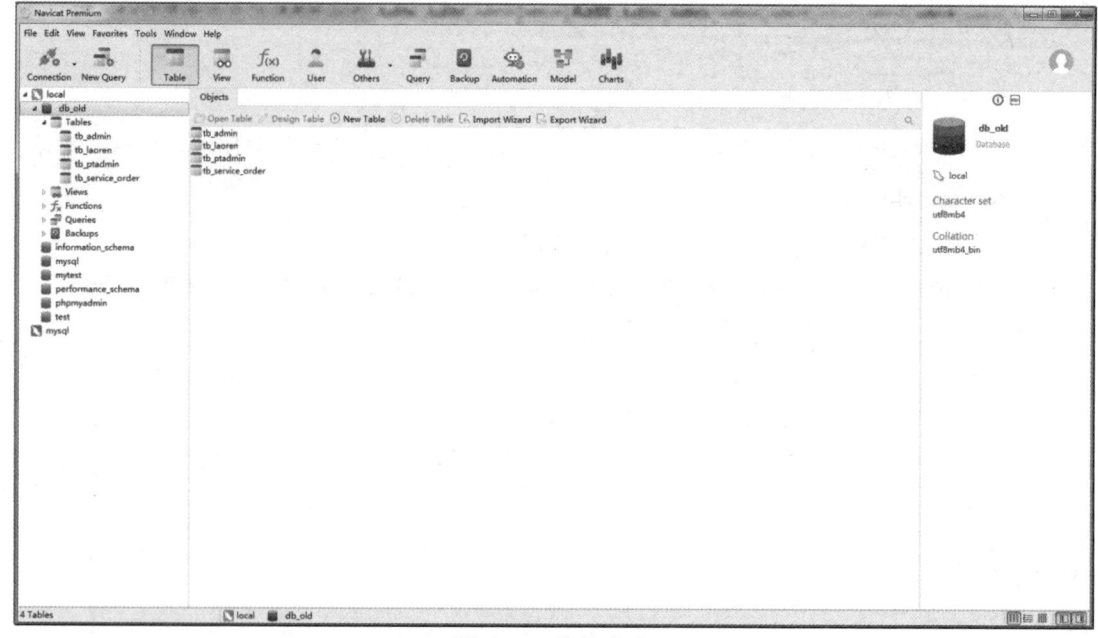

图 8-1-7　连接成功

2）使用 Navicat 工具对数据库进行操作

（1）右击连接名字（local）或其他数据库的名字，选择 New Database 命令，如图 8-1-8 所示。

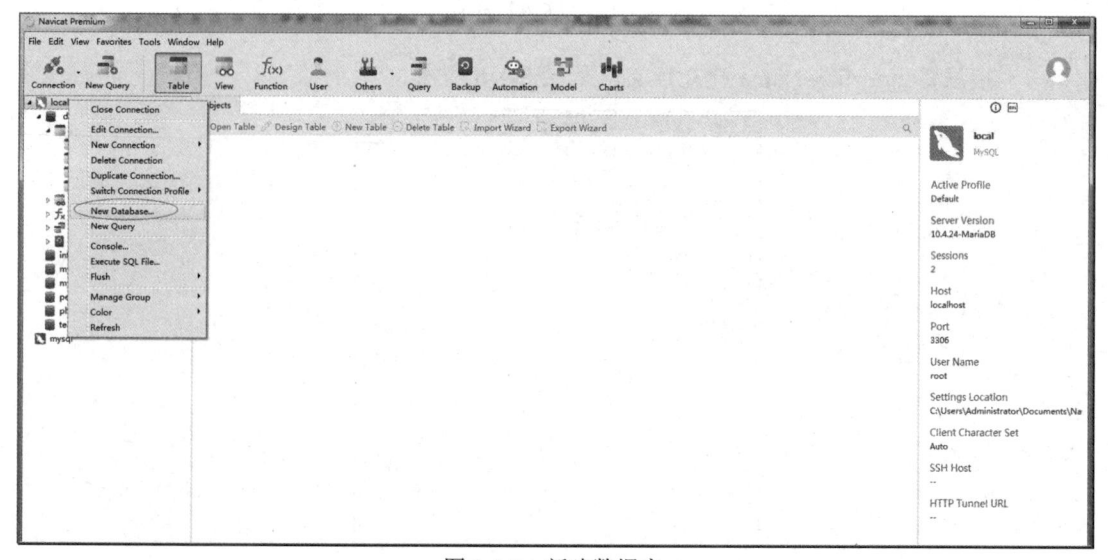

图 8-1-8　新建数据库

（2）在弹出的对话框中输入数据库名，设置字符，单击 OK 按钮，如图 8-1-9 所示。

（3）左侧出现新建立的数据库，如图 8-1-10 所示。

图 8-1-9　数据库和字符集设置

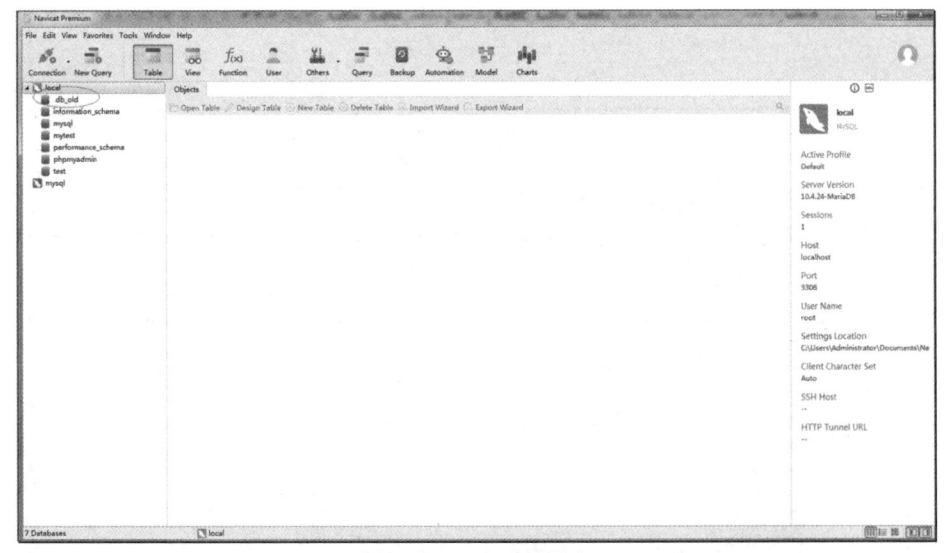

图 8-1-10　查看数据库

（4）右击数据库，选择 Delete Database 命令删除数据库，如图 8-1-11 所示。

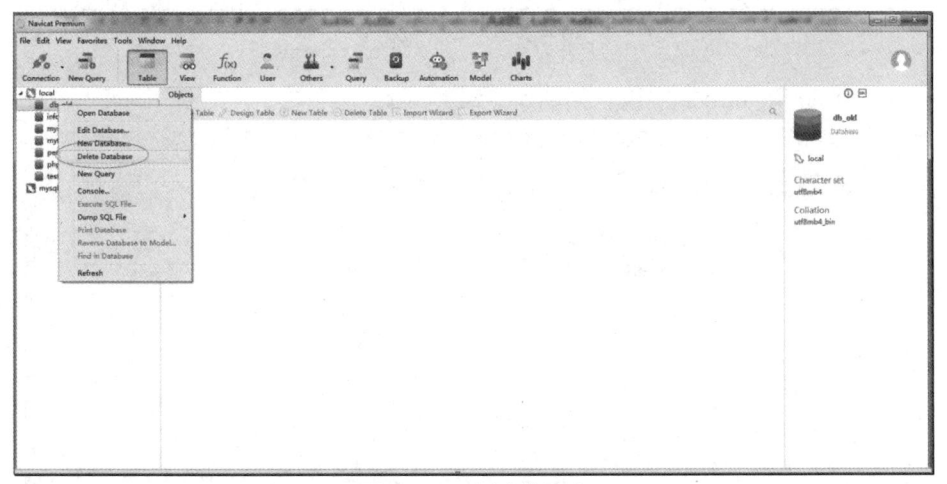

图 8-1-11　删除数据库

3）使用 Navicat 进行表操作

（1）双击打开数据库，然后选择 Table，右击选择 New Table 命令，新建数据表，如图 8-1-12 所示。

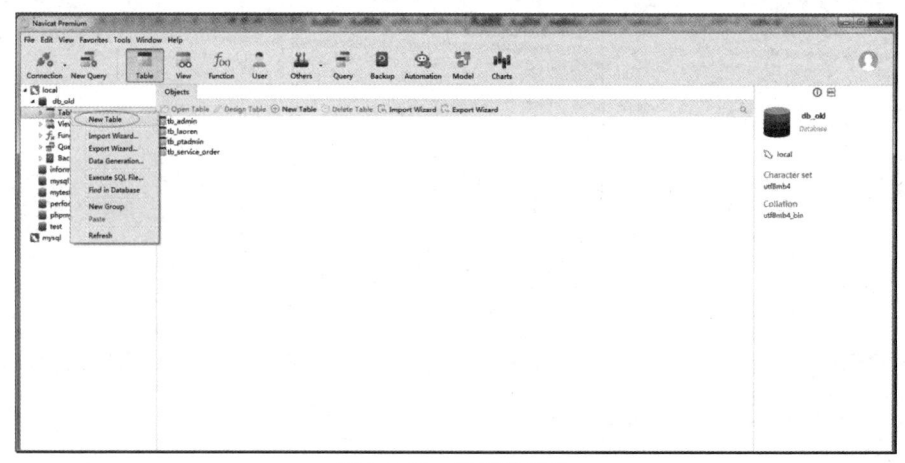

图 8-1-12 新建数据表

(2)选择 Design Table 命令设计数据表,如图 8-1-13 所示。

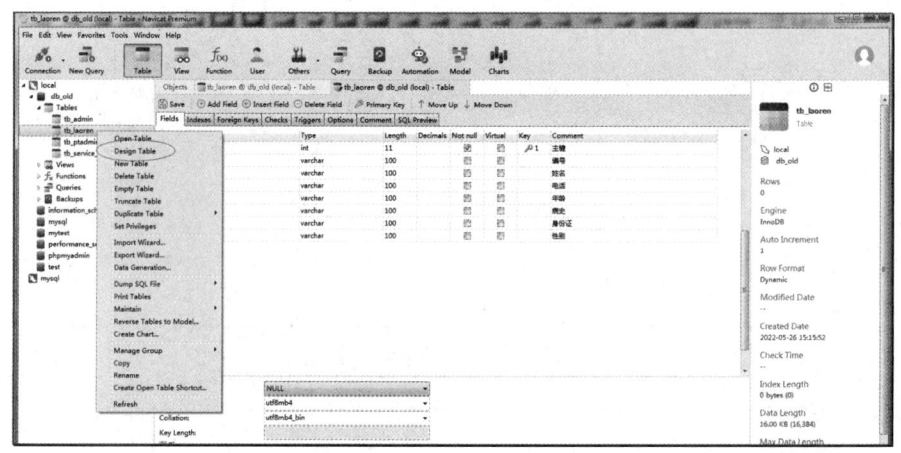

图 8-1-13 设计数据表

(3)单击 Add Field 添加字段,如图 8-1-14 所示。

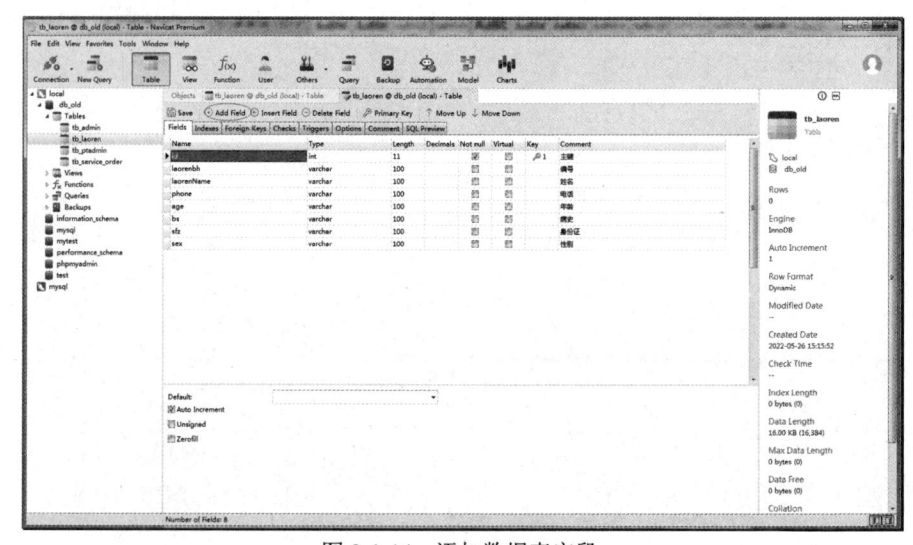

图 8-1-14 添加数据表字段

（4）选择相应字段类型完成字段的添加，如图 8-1-15 所示。

图 8-1-15　设置数据表的字段类型

（5）选择字段，单击 Primary Key 完成主键的设置，如图 8-1-16 所示。

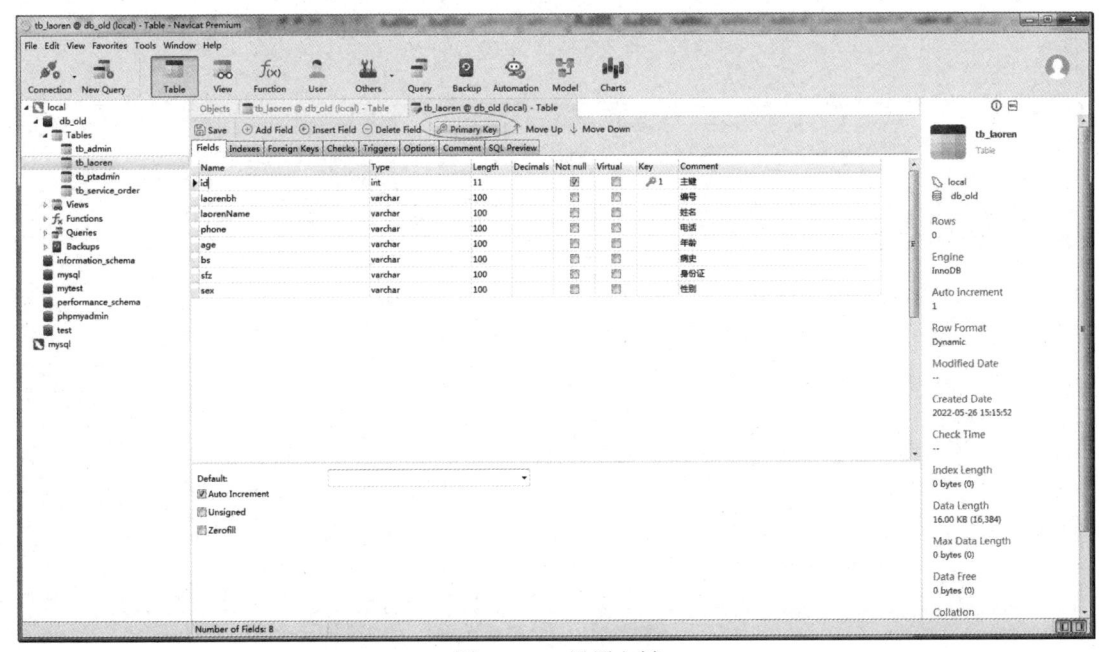

图 8-1-16　设置主键

（6）在该窗口中还可以定义表的其他信息，例如，索引、外键、触发器等，如图 8-1-17 所示。

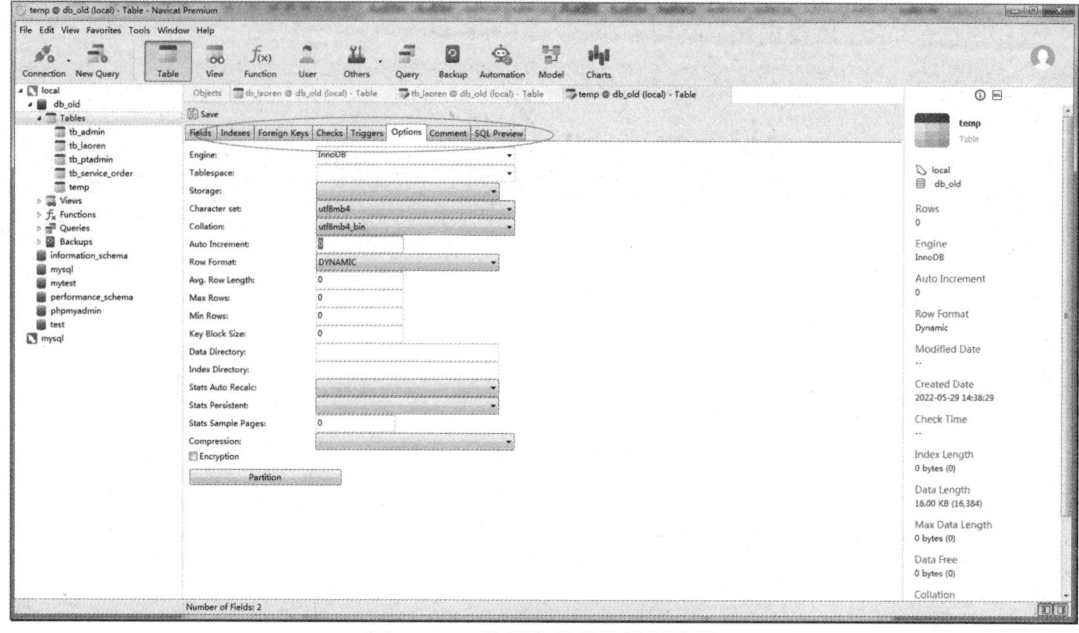

图 8-1-17 数据表的其他设置选项

（7）字段添加完成后单击 Save 按钮保存数据表（见图 8-1-18），在弹出的对话框中输入数据表名称，如图 8-1-19 所示。

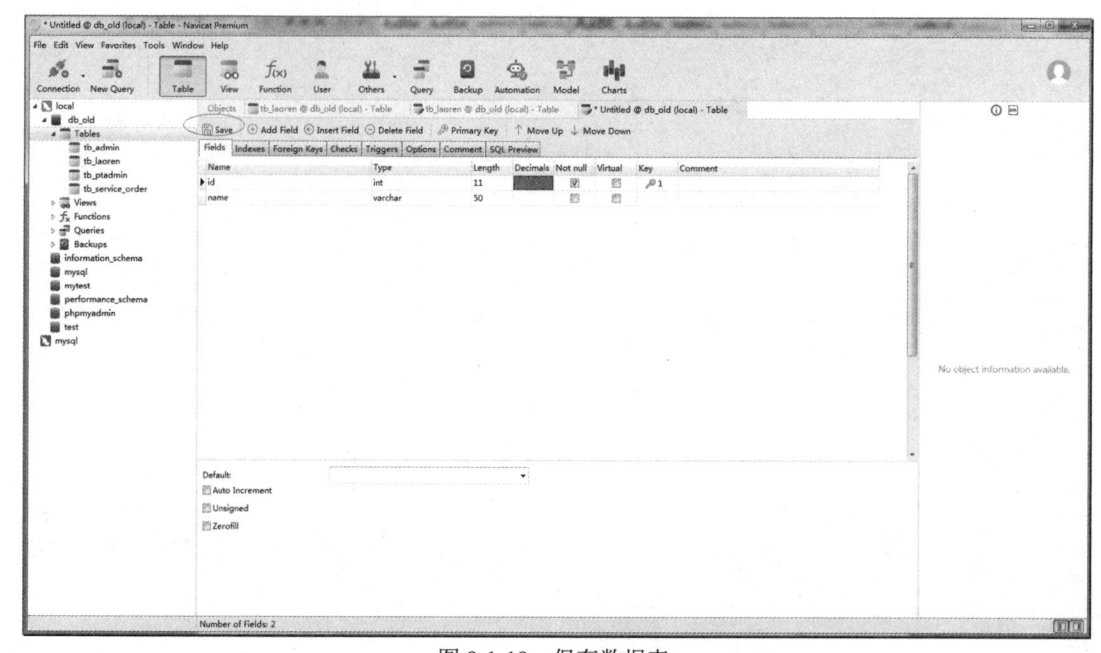

图 8-1-18 保存数据表

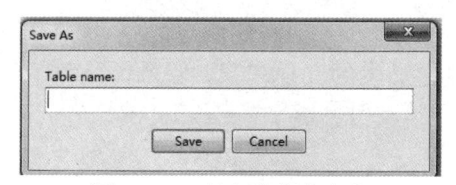

图 8-1-19 输入数据表名称

（8）单击 Save 按钮完成创建，在左侧将出现新建的表，如图 8-1-20 所示。

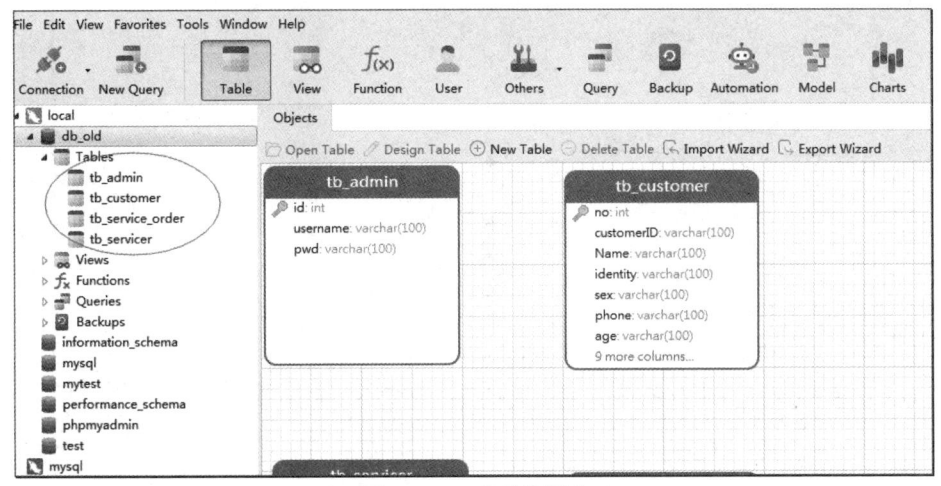

图 8-1-20　查看数据表

4）录入数据

（1）右击数据表，选择 Open Table 命令打开数据表，如图 8-1-21 所示。

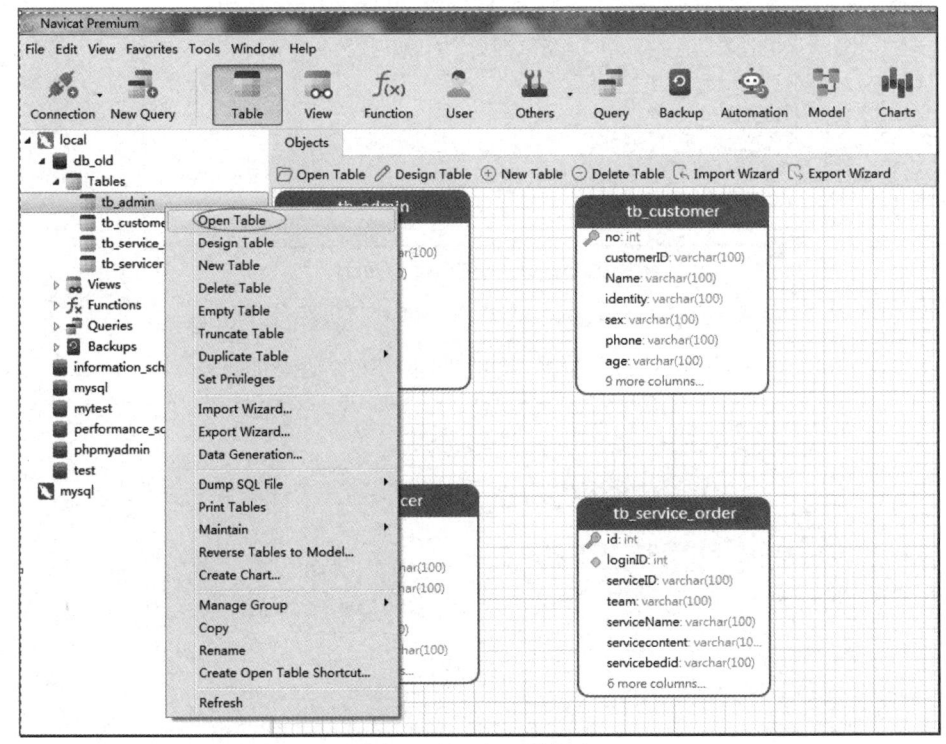

图 8-1-21　打开数据表

（2）打开编辑器，单击下方的加号添加数据，如图 8-1-22 所示。

图 8-1-22　添加数据

5）编写和执行 SQL 语句

（1）单击 New Query（见图 8-1-23），编写 SQL 语句添加数据，SQL 语句如下：

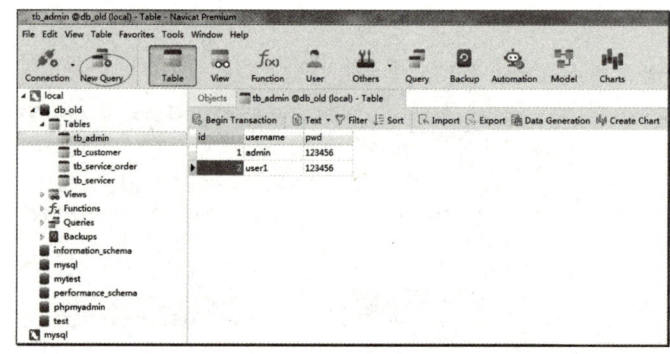

图 8-1-23　单击 New Query

```
INSERT INTO tb_admin(username,pwd) VALUES('admin','123456');
```

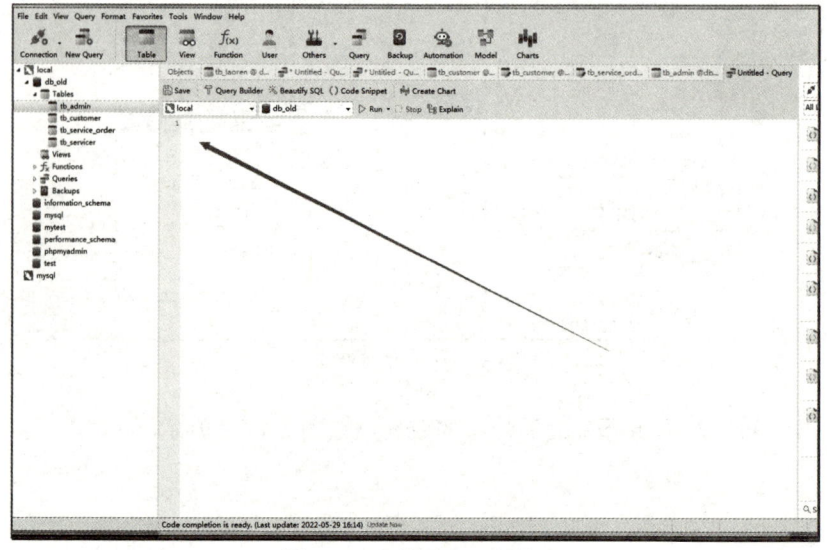

（2）单击 Table（见图 8-1-24），编写 SQL 语句，SQL 语句如下：

图 8-1-24　编写 SQL 语句

```
INSERT INTO tb_servicer(loginID,username,password,birth,sex,education,specialty,start)
VALUES(10011,'管理一',123456,19730213,'女','中专','护理',20100513),
(10007,'管理二',123456,19730214,'女','高中','无',20100513),
(10015,'管理三',123456,19730215,'男','高中','无',20100513),
(10013,'管理四',123456,19730216,'男','中专','中医学',20100513);
```

（3）执行 SQL 语句，如图 8-1-25 所示。

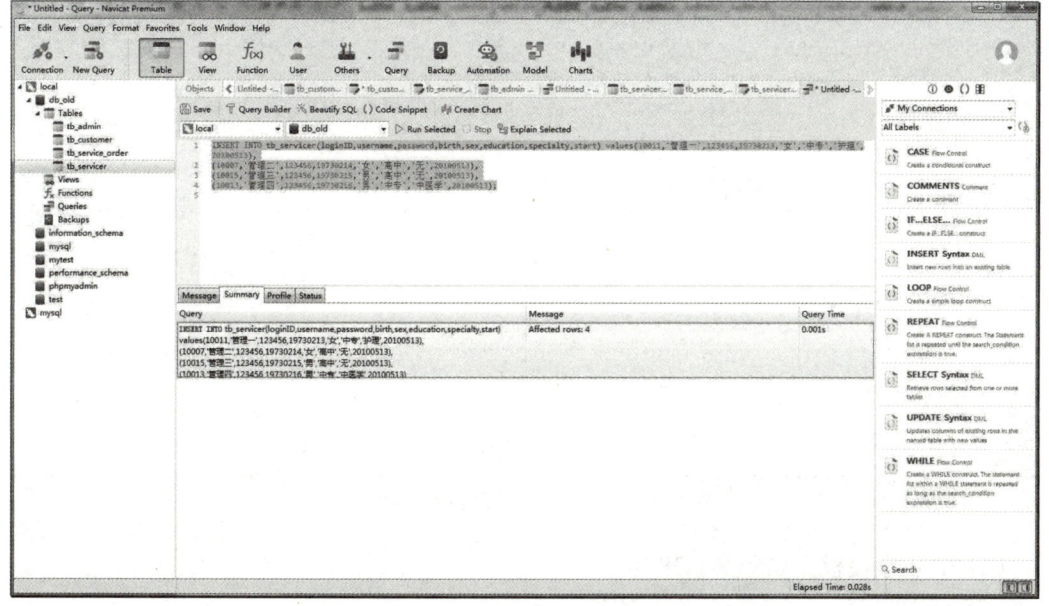

图 8-1-25　执行所选 SQL 语句

（4）查看添加的数据，如图 8-1-26 所示。

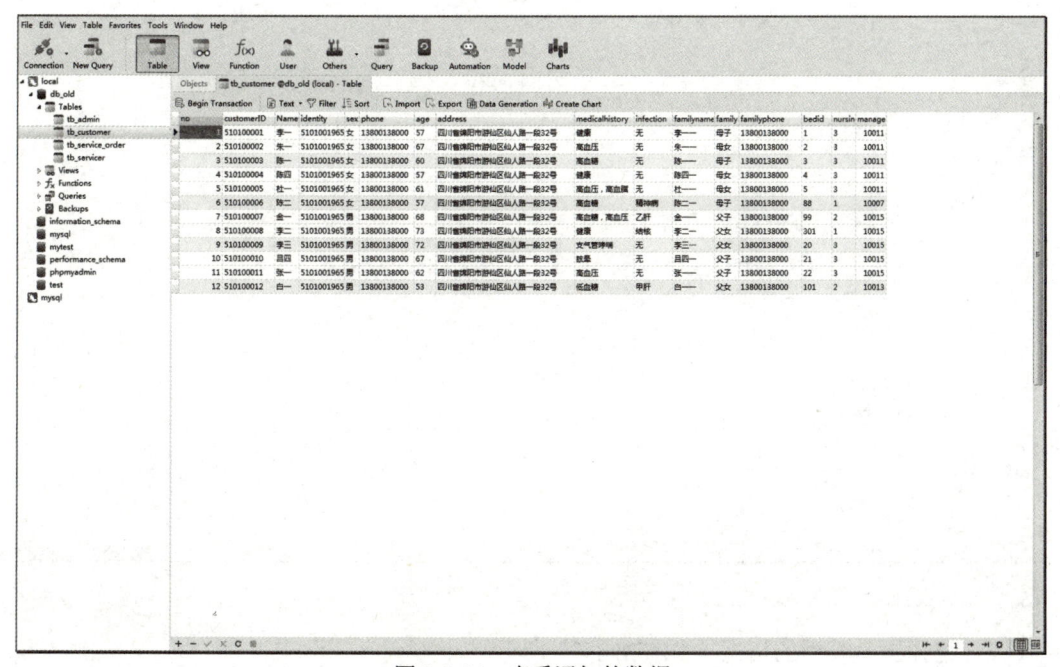

图 8-1-26　查看添加的数据

6）导出模板

MySQL 自带的导出/导入的优点是速度极快，缺点是导出文件在服务器本机。为了方便做数据迁移，在数据量不太大的情况下导出/导入可以使用 Navicat 来完成。

（1）导出数据模板，如图 8-1-27 所示。

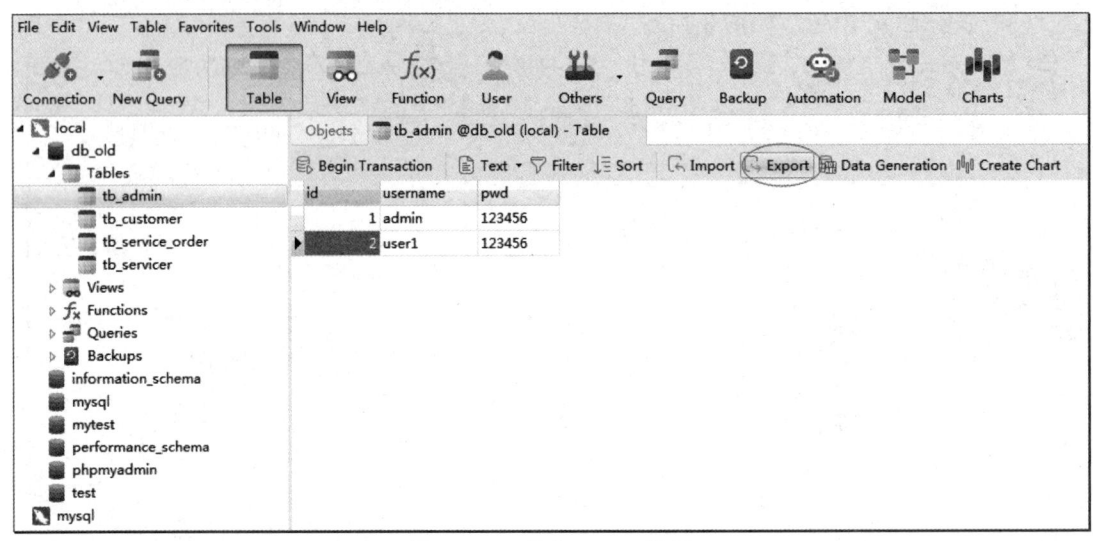

图 8-1-27　单击 Export 按钮

（2）导出空模板，如图 8-1-28 所示。

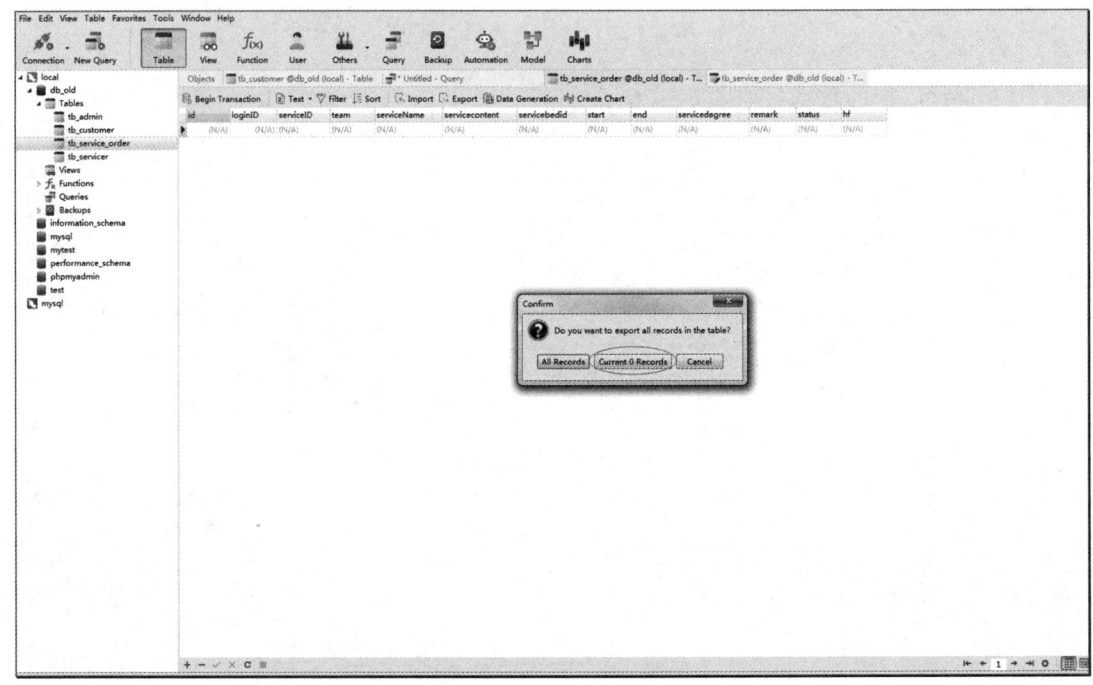

图 8-1-28　导出空模板

（3）选择导出模板的格式，如图 8-1-29 所示。

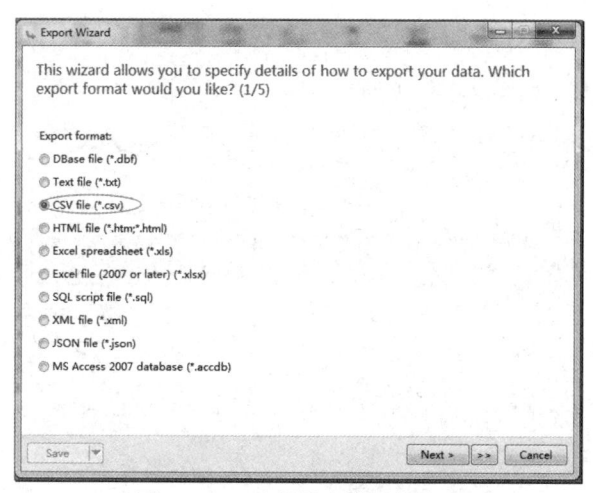

图 8-1-29 选择导出模板的格式

（4）在过程中默认单击 Next 按钮，最后单击 Start 按钮，如图 8-1-30 所示。

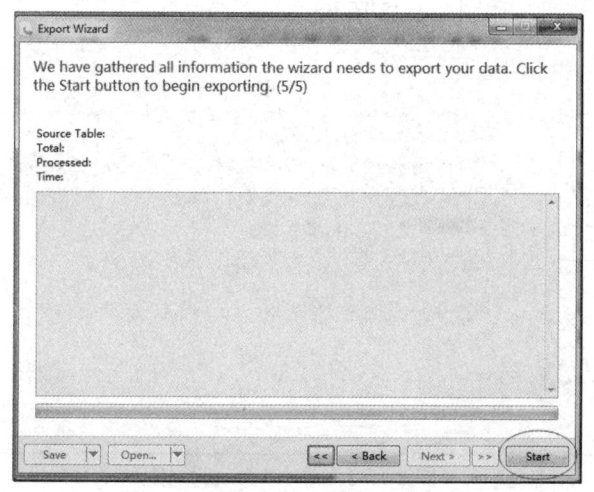

图 8-1-30 单击 Start 按钮开始导出

（5）完成模板的导出，如图 8-1-31 所示。

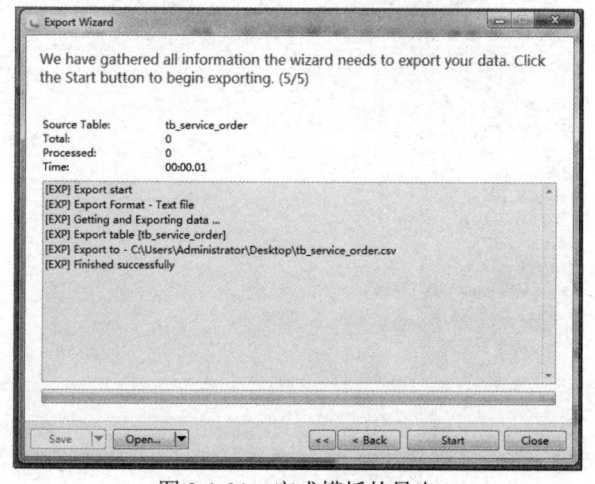

图 8-1-31 完成模板的导出

7）导入数据

（1）准备导入数据，如图 8-1-32 所示。

图 8-1-32　准备导入数据

（2）单击 Import 按钮，如图 8-1-33 所示。

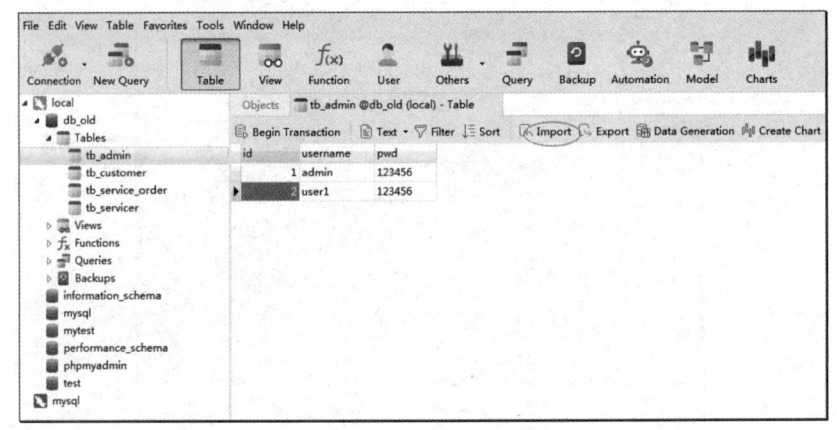

图 8-1-33　单击 Import 按钮

（3）选择文件格式，如图 8-1-34 所示。

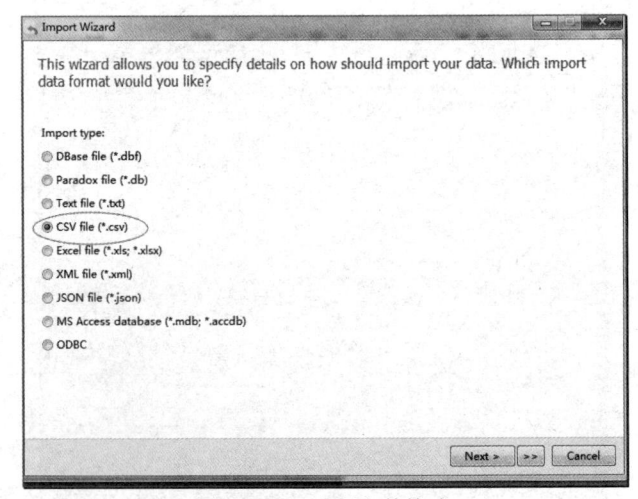

图 8-1-34　选择文件格式

（4）选择字符编码，如图 8-1-35 所示。

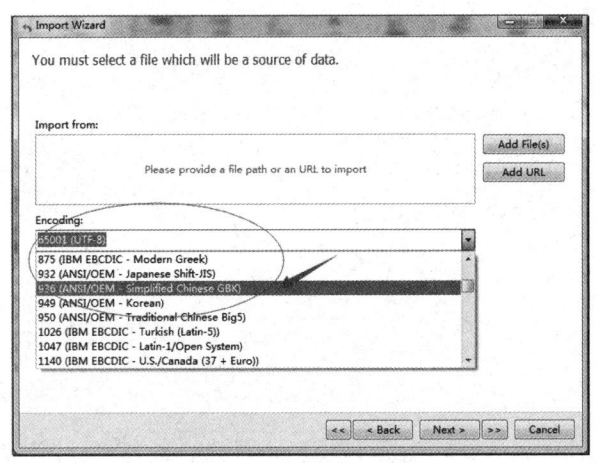

图 8-1-35　选择字符编码

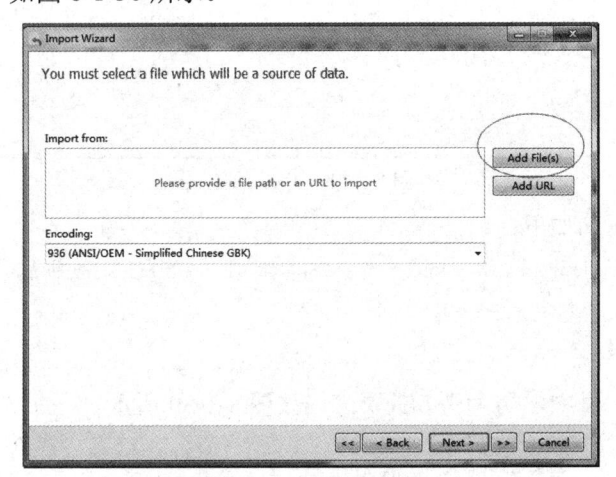

（5）添加文件，如图 8-1-36 所示。

图 8-1-36　添加文件

（6）默认单击 Next 按钮，直到出现 Start 按钮，单击该按钮完成导入，如图 8-1-37 所示。

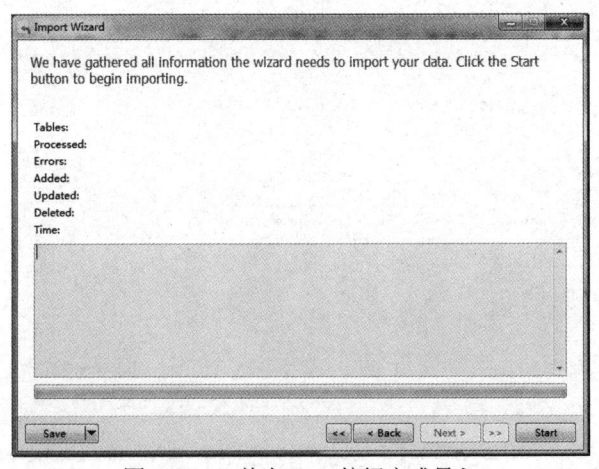

图 8-1-37　单击 Start 按钮完成导入

2. 综合练习

（1）更新 tb_service_order 表中 id 为 1 的 start 时间为 2022-01-01 09:11:13，并查询更新后的数据，如图 8-1-38 所示。

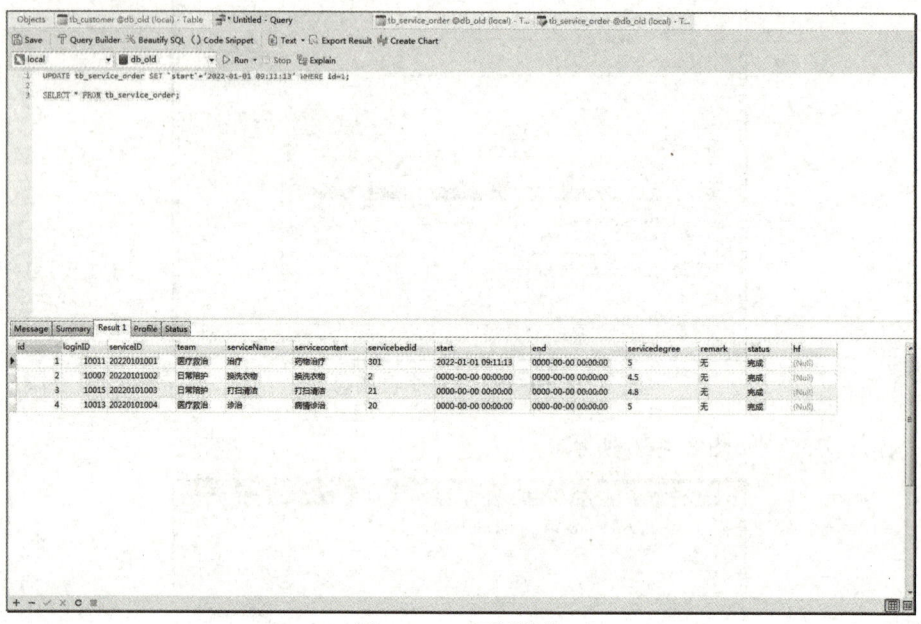

图 8-1-38　更新操作

其对应的 SQL 语句如下：

```
UPDATE tb_service_order SET `start`='2022-01-01 09:11:13' WHERE id=1;
SELECT * FROM tb_service_order;
```

（2）查询操作。

① 查询 tb_servicer 中学历为中专的员工，如图 8-1-39 所示。

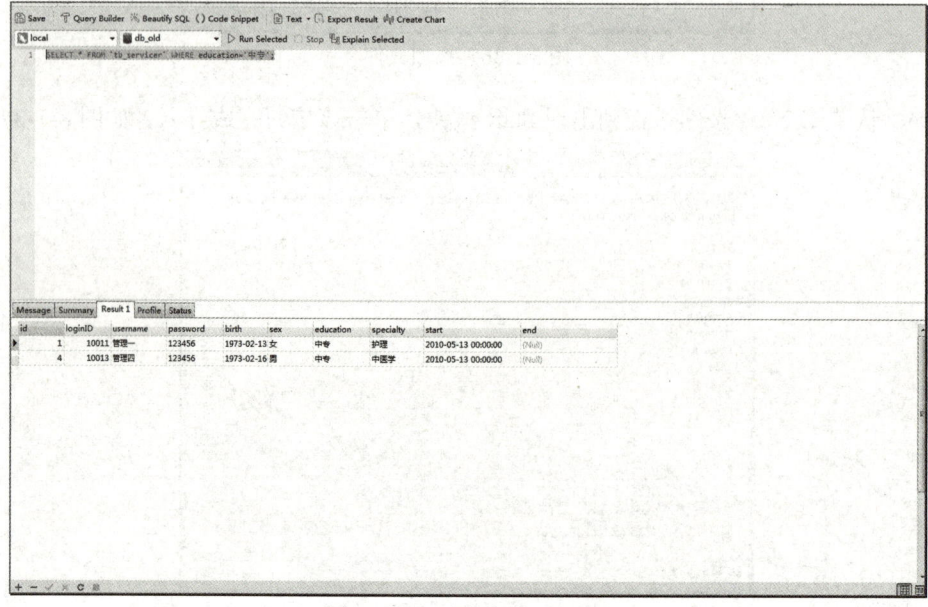

图 8-1-39　查询操作（一）

其对应的 SQL 语句如下：

```
SELECT * FROM `tb_servicer` WHERE education='中专';
```

② 从 tb_customer 中查询年龄大于 65 岁的老人的姓名和联系电话，并按年龄升序排序，如图 8-1-40 所示。

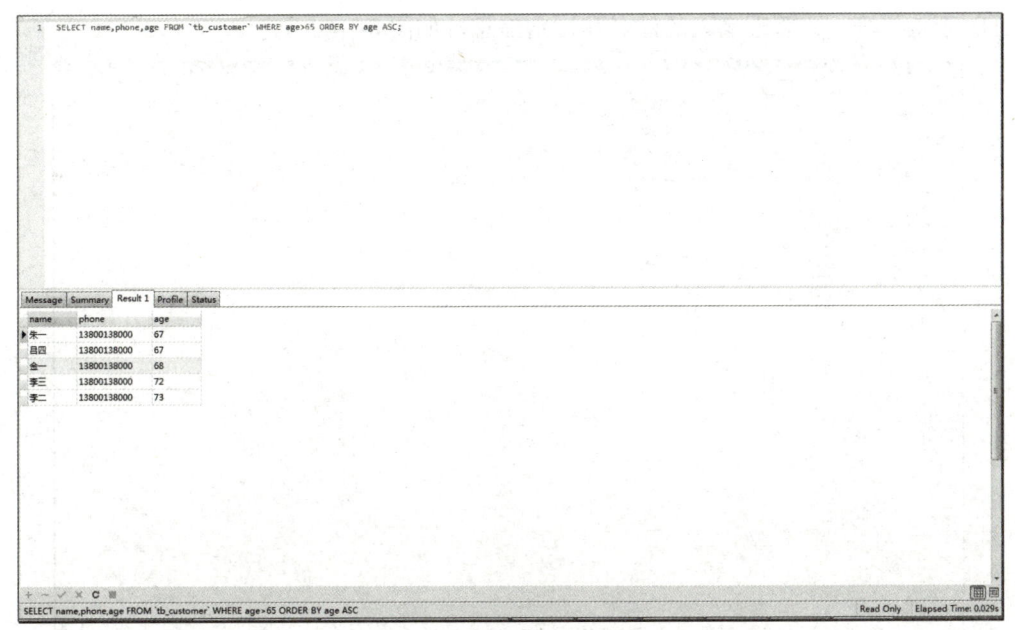

图 8-1-40　查询操作（二）

其对应的 SQL 语句如下：

```
SELECT name,phone FROM `tb_customer` WHERE age>65 ORDER BY age ASC;
```

③ 从中查询出生日期在当月的老人的信息，如图 8-1-41 所示。

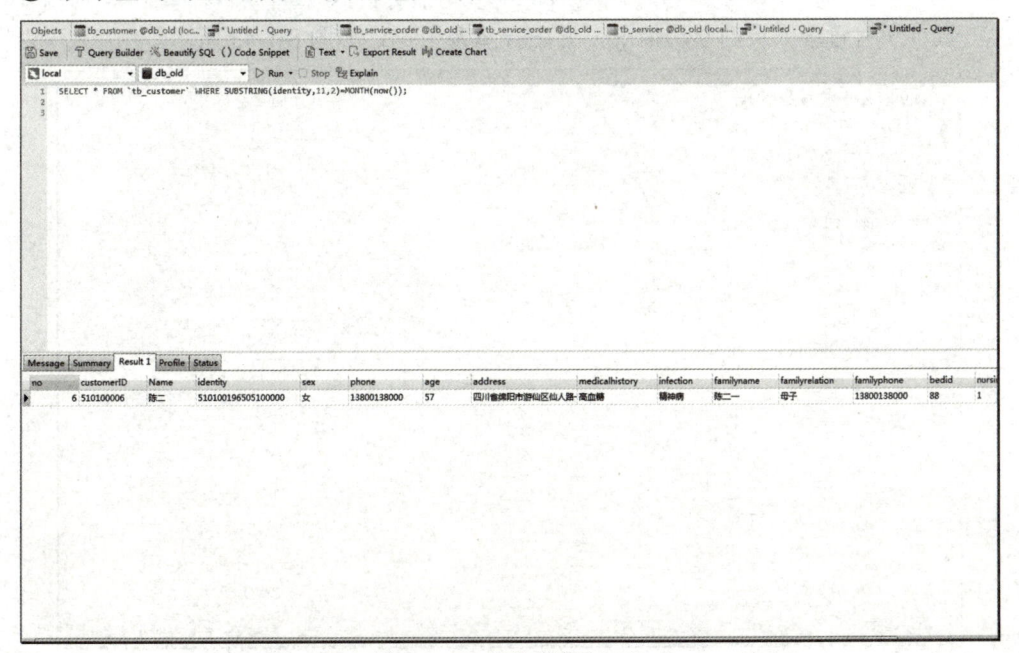

图 8-1-41　查询操作（三）

其对应的 SQL 语句如下：

```
SELECT * FROM `tb_customer` WHERE SUBSTRING(identity,11,2)=MONTH(now());
```

注意：使用 now()函数返回当前时间的日期数据，使用 MONTH()函数返回当前时间的月份数据。

④ 查询管理一：管理老人的姓名和性别信息，如图 8-1-42 所示。

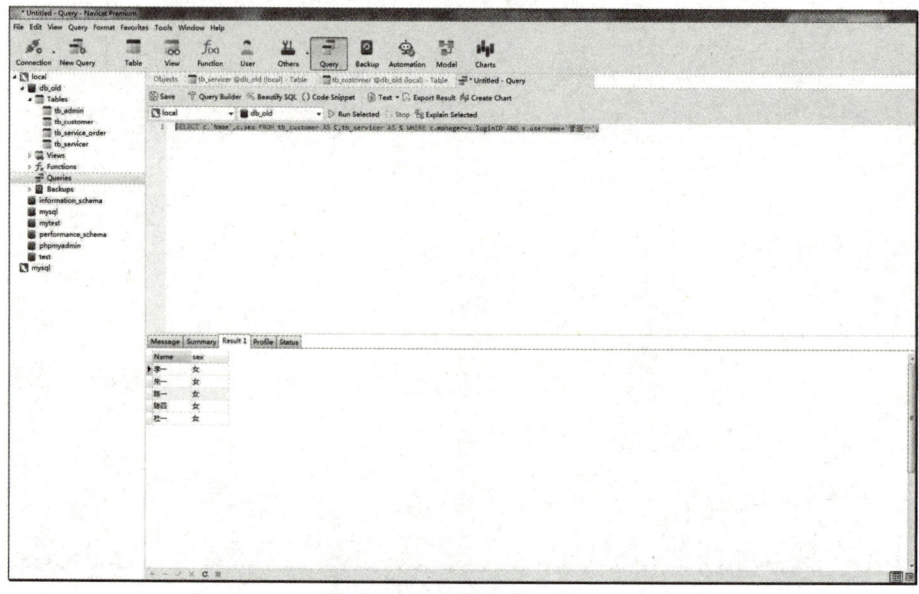

图 8-1-42　查询操作（四）

其对应的 SQL 语句如下：

```
SELECT c.`Name`,c.sex FROM tb_customer AS C,tb_servicer AS S
WHERE c.manager=s.loginID AND s.username='管理一';
```

⑤ 查询所有管理人员的学历情况，并去掉重复数据，如图 8-1-43 所示。

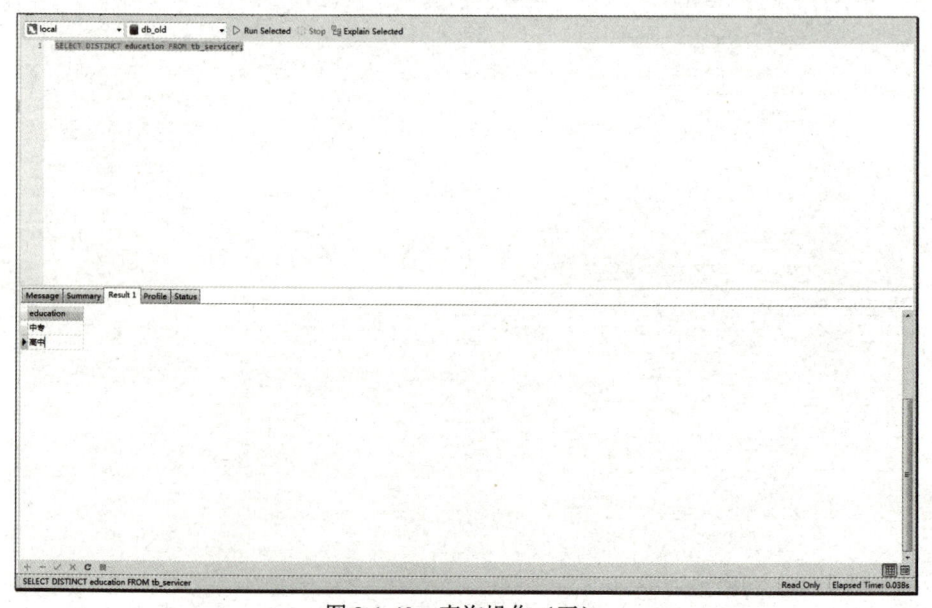

图 8-1-43　查询操作（五）

其对应的 SQL 语句如下：

```
SELECT DISTINCT education FROM tb_servicer;
```

⑥ 查询姓名中包含"李"字的所有老人的信息，如图 8-1-44 所示。

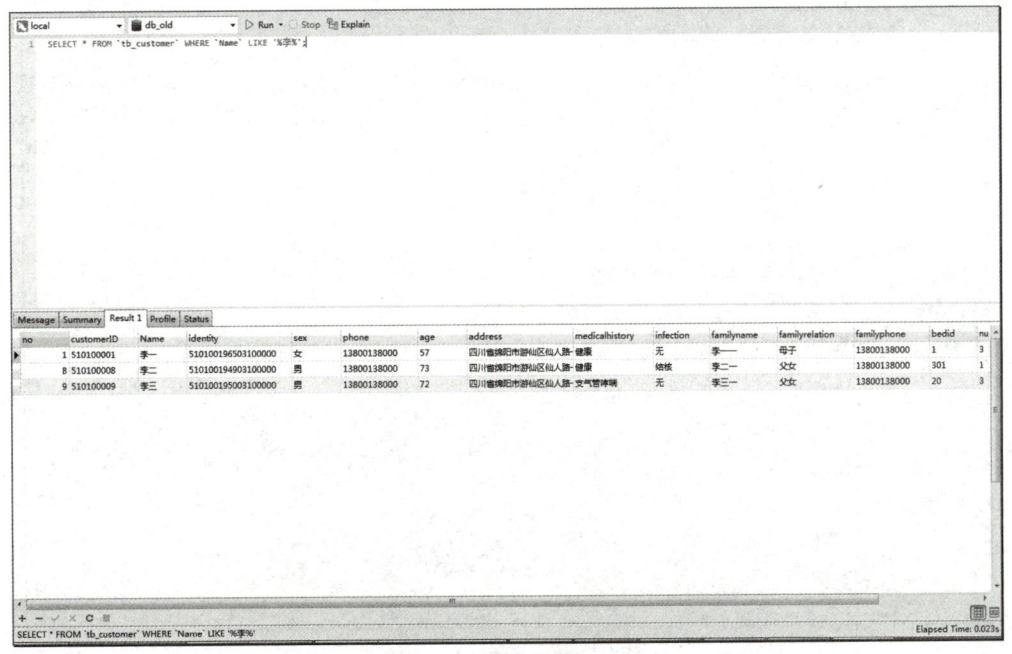

图 8-1-44　查询操作（六）

其对应的 SQL 语句如下：

```
SELECT * FROM `tb_customer` WHERE `Name` LIKE '%李%';
```

⑦ 查询年龄最大的老人的姓名和年龄信息，如图 8-1-45 所示。

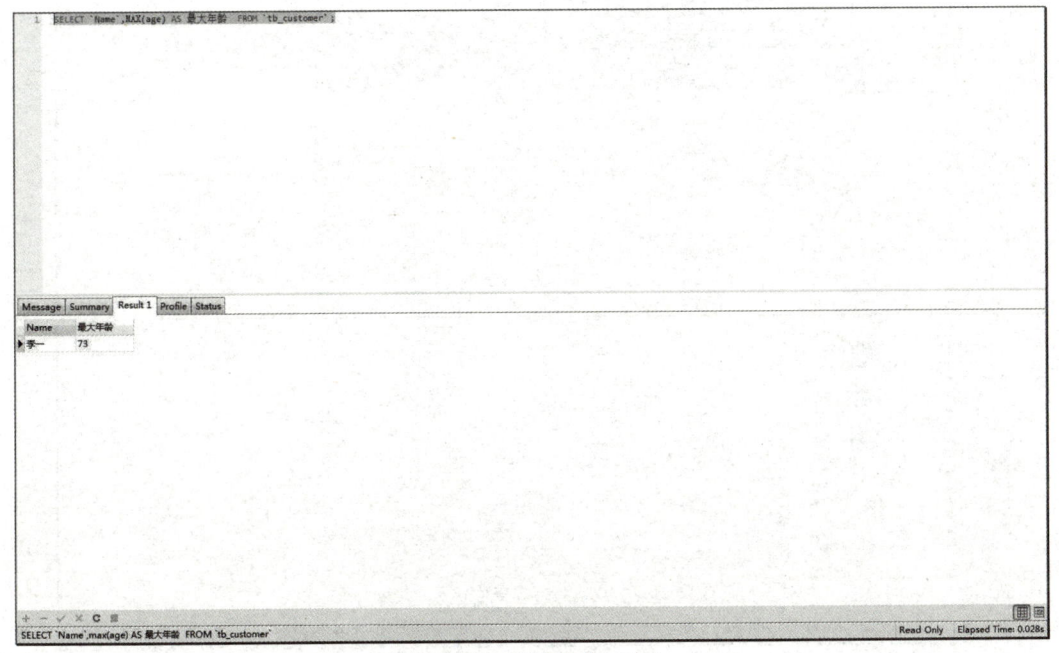

图 8-1-45　查询操作（七）

其对应的 SQL 语句如下：

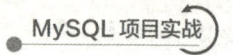

```
SELECT `Name`,MAX(age) AS 最大年龄 FROM `tb_customer`;
```

⑧ 统计老人的人数和平均年龄，如图 8-1-46 所示。

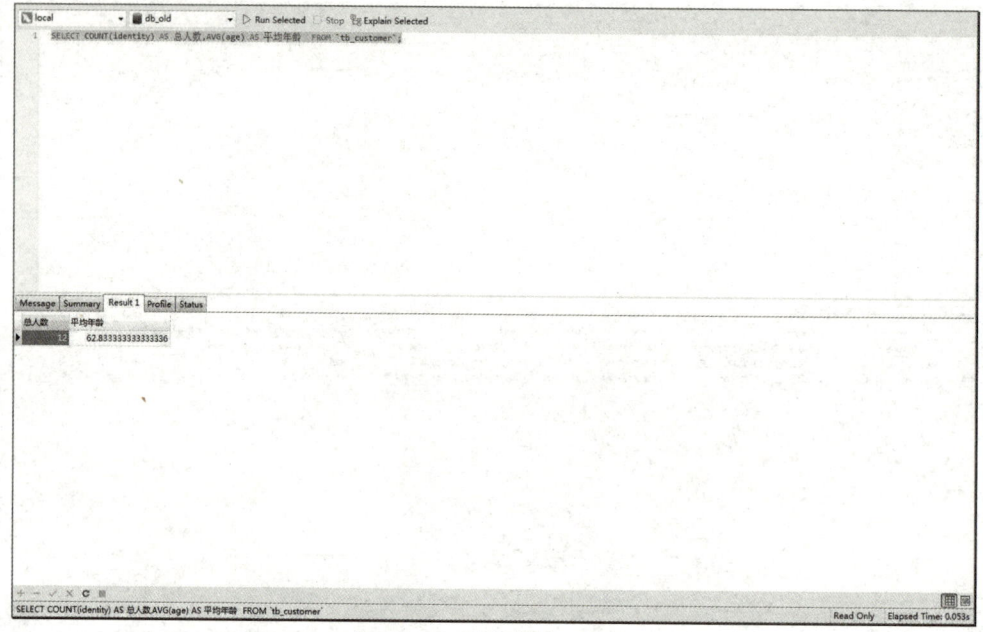

图 8-1-46　查询操作（八）

其对应的 SQL 语句如下：

```
SELECT COUNT(identity) AS 总人数,AVG(age) AS 平均年龄 FROM `tb_customer`;
```

（3）创建视图 view_customer，内容包含老人的姓名、性别、健康状况，以及管理人员的姓名，并对视图内容进行查询，如图 8-1-47 所示。

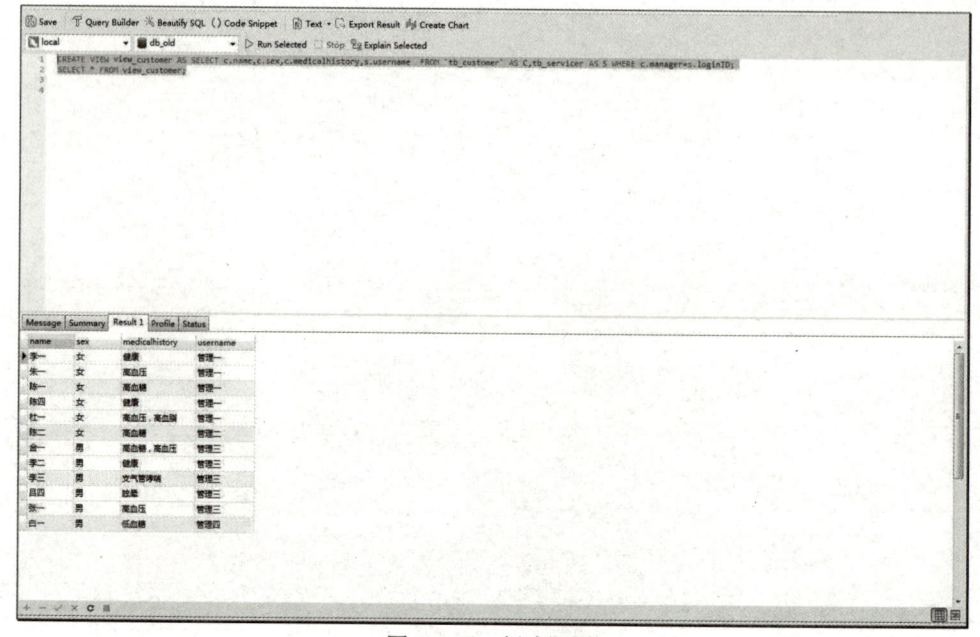

图 8-1-47　创建视图

其对应的 SQL 语句如下：

```sql
CREATE VIEW view_customer
AS SELECT c.name,c.sex,c.medicalhistory,s.username
FROM `tb_customer` AS C,tb_servicer AS S
WHERE c.manager=s.loginID;
SELECT * FROM view_customer;
```

（4）为关爱老人身心健康，每月为当月过生日的老人集体庆贺，编写一个存储过程 pro_out_birth，每月执行存储过程输出老人的姓名和生日信息。

① 单击 Function 按钮，在 Definition 中写存储过程，如图 8-1-48 所示。

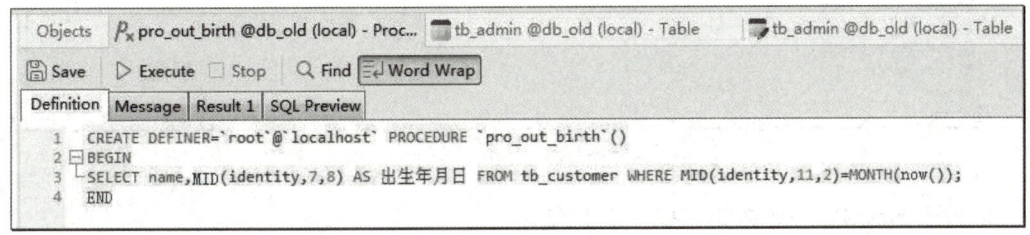

图 8-1-48　写存储过程

② 完成后单击 Save 按钮保存，再单击 Execute 按钮执行存储过程查看结果，如图 8-1-49 所示。

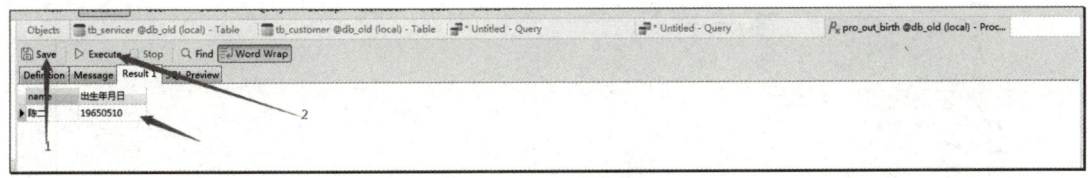

图 8-1-49　执行存储过程

（5）事务管理。

误删除用户后，利用事务回滚误操作，如图 8-1-50 所示。

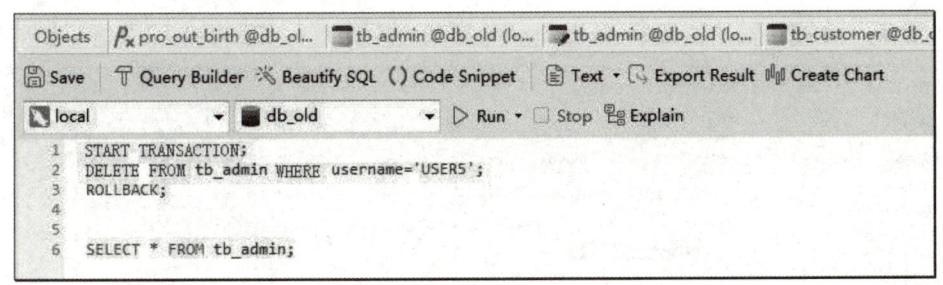

图 8-1-50　事务操作及回滚

其对应的 SQL 语句如下：

```sql
START TRANSACTION;
DELETE FROM tb_admin WHERE username='USER5';
ROLLBACK;
SELECT * FROM tb_admin;
```

(6) 备份/还原数据库。

① 单击 Backup 按钮备份数据库，如图 8-1-51 所示。

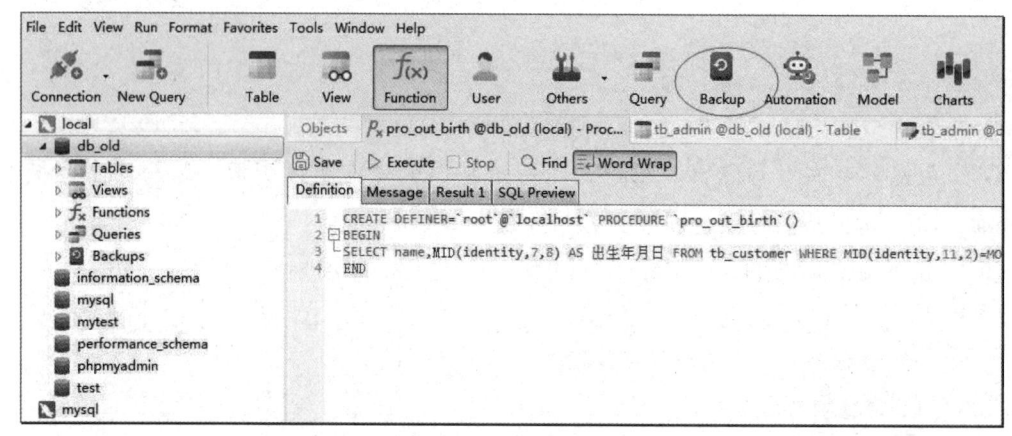

图 8-1-51　备份数据库

② 单击 New Backup 按钮，如图 8-1-52 所示。

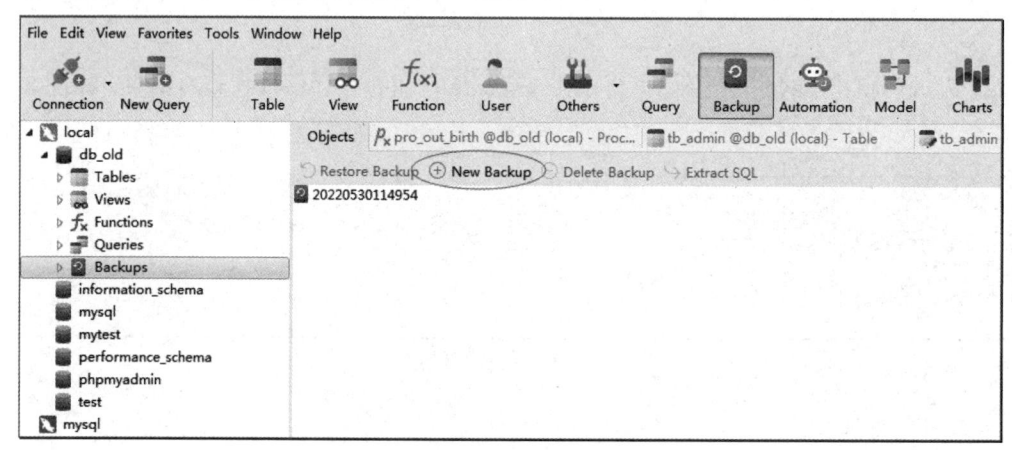

图 8-1-52　单击 New Backup 按钮

③ 选中一个备份后，单击 Restore Backup 按钮进行还原，如图 8-1-53 所示。

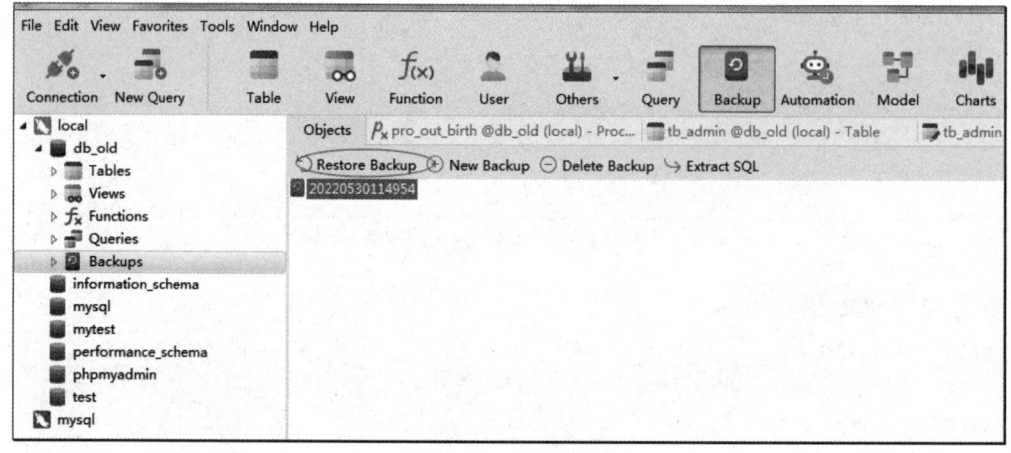

图 8-1-53　进行还原

四、任务总结

有些工具软件小而精悍,能够快速实现操作和处理。初学者多用这些工具软件,可以大大提高工作效率。

五、挑战提升

任务工单 8-1-1

任务工单

课程名称 _____　　　　　　　　任务编号 ____8-1-1____
班级/团队 _____　　　　　　　　学　　期 _____

任务名称	智慧养老数据库的基础数据管理		学时	
任务技能目标	（1）熟练使用 Navicat 工具； （2）熟练掌握数据库的建立； （3）熟练掌握表结构的设计与实现； （4）熟练掌握数据完整性的实现； （5）熟练掌握表数据的增/删/改/查； （6）熟练掌握索引操作。			
任务描述	（1）熟练使用 Navicat 工具； （2）创建智慧养老数据库； （3）智慧养老数据库中表的设计与实现； （4）智慧养老数据库中数据的录入； （5）智慧养老数据库的基础数据检查； （6）根据项目需求合理设计索引，并阐述理由。			
任务步骤				
任务总结				
评分标准	（1）内容完成度（60 分）； （2）文档规范性（30 分）； （3）拓展与创新（10 分）。		得分	

任务工单 8-1-2

任务工单

课程名称 _____　　　　　　　　　　　　任务编号 ___8-1-2___
班级/团队 _____　　　　　　　　　　　　学　　期 _____

任务名称	智慧养老数据库的程序设计	学时	
任务技能目标	（1）掌握存储过程的设计与实现； （2）掌握触发器的设计与实现； （3）掌握数据库的备份与还原。		
任务描述	（1）根据项目需求合理设计数据库的存储过程、触发器； （2）描述相应存储过程、触发器的功能； （3）实现相应存储过程、触发器； （4）写出触发器的触发验证方案及验证过程。		
任务步骤			
任务总结			
评分标准	（1）内容完成度（60分）； （2）文档规范性（30分）； （3）拓展与创新（10分）。	得分	

任务工单 8-1-3

任务工单

课程名称	_____	任务编号	8-1-3
班级/团队	_____	学　　期	_____

任务名称	智慧养老数据库的安全管理	学时	
任务技能目标	（1）学会使用视图； （2）学会对用户权限的管理； （3）学会数据库的备份与还原。		
任务描述	（1）根据项目需求合理设计视图，并写出设计目的； （2）对数据库进行备份； （3）更改数据库内容，并记录更改前后的数据情况； （4）对数据库进行还原操作，并对比还原前后数据库中的数据，写出结论。		
任务步骤			
任务总结			
评分标准	（1）内容完成度（60分）； （2）文档规范性（30分）； （3）拓展与创新（10分）。	得分	

六、附件：脚本代码

```
# (1)建数据库和使用数据库
CREATE DATABASE IF NOT EXISTS db_old DEFAULT CHARACTER SET utf8mb4;
USE db_old;
# (2)建数据表
#超级管理员表的创建语句
CREATE TABLE tb_admin(
id int PRIMARY KEY auto_increment comment '主键',
username varchar(100) comment '超级管理员账号',
pwd varchar(100) comment '超级管理员密码'
) comment '超级管理员';
INSERT INTO tb_admin(username,pwd) VALUES('admin','123456');
#服务工单表的创建语句
CREATE TABLE tb_service_order(
id int PRIMARY KEY auto_increment comment '主键',
ptadminId int comment '服务人员',
gdbh varchar(100) comment '服务工单编号',
```

```sql
tuandui varchar(100) comment '所属团队',
fwgdName varchar(100) comment '服务工单标题',
content varchar(100) comment '服务工单内容',
fwdd varchar(100) comment '服务地点',
showDate datetime comment '服务日期',
remark varchar(100) comment '备注',
status varchar(100) comment '状态',
hf varchar(100) comment '回访'
) comment '服务工单';
#服务人员表的创建语句
CREATE TABLE tb_ptadmin(
id int PRIMARY KEY auto_increment comment '主键',
username varchar(100) comment '账号',
password varchar(100) comment '密码',
ptadminName varchar(100) comment '姓名',
bh varchar(100) comment '编号',
age varchar(100) comment '年龄',
sex varchar(100) comment '性别'
) comment '服务人员';
#老人表的创建语句
CREATE TABLE tb_customer (
no int PRIMARY KEY auto_increment comment '主键',
customerID varchar(100) comment '编号',
Name varchar(100) comment '姓名',
identity varchar(100) comment '身份证',
sex varchar(100) comment '性别'
phone varchar(100) comment '电话',
age varchar(100) comment '年龄',
address varchar(100) comment '家庭地址',
medicalhistory varchar(500) comment '病史',
infection varchar(500) comment '传染病及精神病记录',
familyname varchar(100) comment '家属姓名',
familyrelation varchar(100) comment '家属关系',
familyphone varchar(100) comment '家属电话',
bedid varchar(100) comment '入住床号',
nursingdegree varchar(100) comment '护理级别',
manager varchar(100) comment '管理人员',
) comment '老人';
#服务人员表写入的数据
INSERT INTO tb_servicer(loginID,username,password,birth,sex,education,specialty,start)
VALUES(10011,'管理一',123456,19730213,'女','中专','护理',20100513),
    (10007,'管理二',123456,19730214,'女','高中','无',20100513),
    (10015,'管理三',123456,19730215,'男','高中','无',20100513),
    (10013,'管理四',123456,19730216,'男','中专','中医学',20100513);
#老人数据表写入的数据
INSERT INTO tb_customer
```

```
    (customerID,Name,identity,sex,phone,age,address,medicalhistory,infection,familyname
,familyrelation,familyphone,bedid,nursingdegree,manager)
    VALUES (510100001,'李一',510100196503100000,'女',13800138000,57,'四川省绵阳市游仙区仙人路
一段32号','健康','无','李一一','母子',13800138000,1,3,10011),
    (510100002,'朱一',510100196503100000,'女',13800138000,67,'四川省绵阳市游仙区仙人路一段32
号','高血压','无','朱一一','母女',13800138000,2,3,10011),
    (510100003,'陈一',510100196503100000,'女',13800138000,60,'四川省绵阳市游仙区仙人路一段32
号','高血糖','无','陈一一','母子',13800138000,3,3,10011),
    (510100004,'陈四',510100196503100000,'女',13800138000,57,'四川省绵阳市游仙区仙人路一段32
号','健康','无','陈四一','母女',13800138000,4,3,10011),
    (510100005,'杜一',510100196503100000,'女',13800138000,61,'四川省绵阳市游仙区仙人路一段32
号','高血压，高血脂','无','杜一一','母女',13800138000,5,3,10011),
    (510100006,'陈二',510100196503100000,'女',13800138000,57,'四川省绵阳市游仙区仙人路一段32
号','高血糖','精神病','陈二一','母子',13800138000,88,1,10007),
    (510100007,'金一',510100196503100000,'男',13800138000,68,'四川省绵阳市游仙区仙人路一段32
号','高血糖，高血压','乙肝','金一一','父子',13800138000,99,2,10015),
    (510100008,'李二',510100196503100000,'男',13800138000,73,'四川省绵阳市游仙区仙人路一段32
号','健康','结核','李二一','父女',13800138000,301,1,10015),
    (510100009,'李三',510100196503100000,'男',13800138000,72,'四川省绵阳市游仙区仙人路一段32
号','支气管哮喘','无','李三一','父女',13800138000,20,3,10015),
    (510100010,'吕四',510100196503100000,'男',13800138000,67,'四川省绵阳市游仙区仙人路一段32
号','眩晕','无','吕四一','父子',13800138000,21,3,10015),
    (510100011,'张一',510100196503100000,'男',13800138000,62,'四川省绵阳市游仙区仙人路一段32
号','高血压','无','张一一','父子',13800138000,22,3,10015),
    (510100012,'白一',510100196503100000,'男',13800138000,53,'四川省绵阳市游仙区仙人路一段32
号','低血糖','甲肝','白一一','父女',13800138000,101,2,10013);
```

参考文献

[1] 黑马程序员.PHP+MySQL 动态网站开发[M].北京:人民邮电出版社，2021.

[2] 郑阿奇.MySQL 数据库教程[M].北京:人民邮电出版社，2017.

[3] 聚慕课教育研发中心.MySQL 从入门到项目实践(超值版)[M].北京:清华大学出版社，2018.

[4] 刘涛.数据库应用基础[M].天津:南开大学出版社，2016.